小学 **4** 年生

基礎から活用まで

まるっと算数プリント

フォーラム・A

まえがき

　2020年4月からの新教育課程にあわせて編集したのが本書です。本シリーズは小学校の算数の内容をすべて取り扱っているので「まるっと算数プリント」と命名しました。

　はじめて算数を学ぶ子どもたちも、ゆっくり安心して取り組めるように、問題の質や量を検討しました。算数の学習は積み重ねが大切だといわれています。1日10分、毎日の学習を続ければ、算数がおもしろくなり、自然と学習習慣も身につきます。

　また、内容の理解がスムースにいくように、図を用いたりして、わかりやすいくわしい解説を心がけました。重点教材は、念入りにくり返して学習できるように配慮して、まとめの問題でしっかり理解できているかどうか確認できるようにしています。

　各学年の内容を教科書にそって配列してありますので、日々の家庭学習にも十分使えます。

　このようにして算数の基礎基本の部分をしっかり身につけましょう。

　算数の内容は、これら基礎基本の部分と、それらを活用する力が問われます。教科書は、おもに低学年から中学年にかけて、計算力などの基礎基本の部分に重点がおかれています。中学年から高学年にかけて基礎基本を使って、それらを活用する力に重点が移ります。

　本書は、活用する力を育てるために「特別ゼミ」のコーナーを新設しました。いろいろな問題を解きながら、算数の考え方にふれていくのが一番よい方法だと考えたからです。楽しみながらこれらの問題を体験して、活用する力を身につけましょう。

　本書を、毎日の学習に取り入れていただき、算数に興味をもっていただくとともに活用する力も伸ばされることを祈ります。

特別ゼミ　　時計と角度

　時計の短い針は30分で30度の半分15度進みます。このことを利用して長針と短針がつくる角度を調べます。さらに、10分で15度の3分の1の5度進むことなども利用して針のつくる角度を調べます。

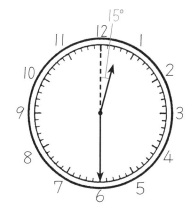

目　次

大きい数 ①

学習日	名
月　日	前

色を
ぬろう　わからない　だいたいできた　できた！

数は、10こ集まると新しい位（くらい）ができます。一の位、十の位、百の位、千の位、万の位でした。一万からも10こ集まるごとに、十万、百万、千万と位ができました。

一千万が10こ集まると、**一億**（おく）になります。一億からも10こ集まるごとに、十億、百億、千億と位が上がります。

一千億が10こ集まると、**一兆**（ちょう）になります。一兆からも10こ集まるごとに、十兆、百兆、千兆と位が上がります。

これらをわかりやすくまとめたのが位取り表です。

兆				億				万				（一）			
千	百	十	一	千	百	十	一	千	百	十	一	千	百	十	一
			1	2	3	4	5	6	0	0	0	0	0	0	0

表の数は「一兆二千三百四十五億六千万」と読みます。

1 次の漢数字を数字に直しましょう。

① 七兆五千八百三十二億七千三百八十五万二千

兆				億				万				（一）			
千	百	十	一	千	百	十	一	千	百	十	一	千	百	十	一

② 七百三兆二千三百五十四億六千万

兆				億				万				（一）			
千	百	十	一	千	百	十	一	千	百	十	一	千	百	十	一

③ 三十四兆七千二百億

答え

④ 五百三兆六千万

答え

5

色を
ぬろう

わから ない	だいたい できた	できた!

1 次の数を数字でかきましょう。

① 1億を80こ集めた数

答え ＿＿＿＿＿＿＿＿＿＿＿＿

② 1兆を420こ集めた数

答え ＿＿＿＿＿＿＿＿＿＿＿＿

③ 1兆を8こと、1億を400こあわせた数

答え ＿＿＿＿＿＿＿＿＿＿＿＿

④ 1兆を47こと、1万を6958こあわせた数

答え ＿＿＿＿＿＿＿＿＿＿＿＿

⑤ 100億を430こ集めた数

答え ＿＿＿＿＿＿＿＿＿＿＿＿

2 次の計算をしましょう。

① 47億＋58億

答え ＿＿＿＿＿＿＿＿＿＿＿＿

② 203億－175億

答え ＿＿＿＿＿＿＿＿＿＿＿＿

③ 28兆＋36兆

答え ＿＿＿＿＿＿＿＿＿＿＿＿

④ 1240兆－670兆

答え ＿＿＿＿＿＿＿＿＿＿＿＿

⑤ 1兆3000億＋2兆2000億

答え ＿＿＿＿＿＿＿＿＿＿＿＿

⑥ 3兆4000億－2兆5000億

答え ＿＿＿＿＿＿＿＿＿＿＿＿

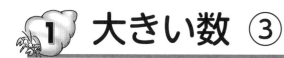

大きい数 ③

学習日	名
月　日	前

色を
ぬろう　わからない　だいたいできた　できた!

1 6億2000万を10倍、100倍、1000倍した数や、10でわった数、100でわった数、1000でわった数を調べます。

① 表を完成させましょう。

	億				万				(一)			
	千	百	十	一	千	百	十	一	千	百	十	一
1000倍												
100倍												
10倍												
もとの数		6	2	0	0	0	0	0	0	0		
10でわる												
100でわる												
1000でわる												

② 6億2000万を1000倍にしたとき、数字の2は何の位になりますか。

答え ＿＿＿＿＿＿＿＿＿＿＿＿

2 次の数を求めましょう。

① 73億を10倍した数

答え ＿＿＿＿＿＿＿＿＿＿＿＿

② 640億を100倍した数

答え ＿＿＿＿＿＿＿＿＿＿＿＿

③ 45億を1000倍した数

答え ＿＿＿＿＿＿＿＿＿＿＿＿

④ 840億を10でわった数

答え ＿＿＿＿＿＿＿＿＿＿＿＿

⑤ 380億を100でわった数

答え ＿＿＿＿＿＿＿＿＿＿＿＿

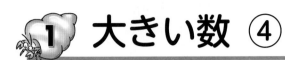

1 大きい数 ④

学習日	名 前
月　日	

1 □ にあてはまる数をかきましょう。

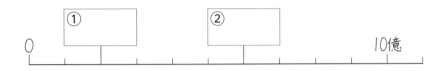

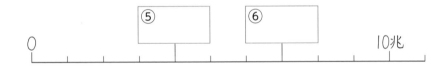

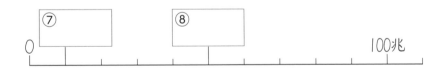

2 大きい方の数に○をつけましょう。

① 51億　と　49億
　（　　　）　（　　　）

② 23兆　と　27兆
　（　　　）　（　　　）

③ 4000万　と　1億
　（　　　）　（　　　）

④ 10億　と　1兆
　（　　　）　（　　　）

⑤ 72864321　と　72864320
　（　　　）　（　　　）

大きい数 ⑤ まとめ

1 次の数を求めましょう。　（1つ5点）

① 62億を10倍した数

答え _____

② 5億3000万を100倍した数

答え _____

③ 720億を10でわった数

答え _____

④ 9億4000万を100でわった数

答え _____

2 ⓪①②③④⑤⑥⑦⑧の9まいのカードをすべて使って、9けたの整数をつくります。
（1つ10点）

① 一番大きい数をかきましょう。

答え _____

② 一番小さい数をかきましょう。

答え _____

③ 2億に一番近い数をかきましょう。

答え _____

3 □ にあてはまる数をかきましょう。（1つ5点）

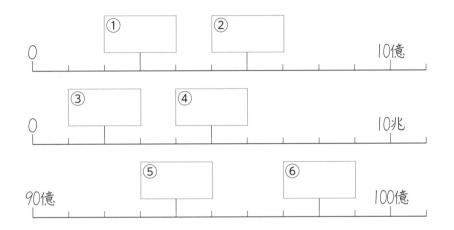

4 大きい方の数に○をつけましょう。　（1つ5点）

① 48億　と　47億
　（　　　）　（　　　）

② 1億　と　9000万
　（　　　）　（　　　）

③ 9000億　と　1兆
　（　　　）　（　　　）

④ 2兆　と　1兆
　（　　　）　（　　　）

2 グラフや表 ①

1 教室の温度の変わり方を折れ線グラフにしました。

時こく（時）	午前 9	10	11	12	午後 1	2	3	4
温度（度）	15	16	17	19	20	23	22	20

教室の温度

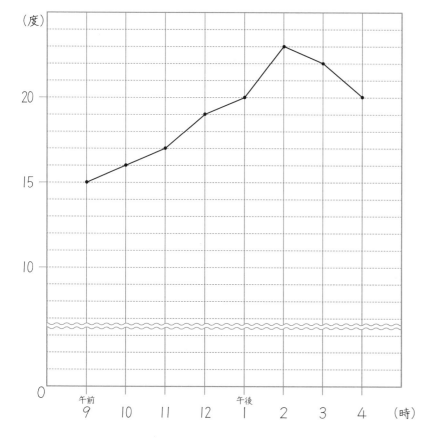

① グラフのたてじくの目もりは、何を表していますか。

答え _____

② グラフの横じくの目もりは、何を表していますか。

答え _____

③ このグラフの表題は何ですか。

答え _____

④ 教室の温度が一番高かったのは、何時で、何度でしたか。

答え _____

⑤ 1時間の間で、温度の上がり方が大きかった時間は、何時から何時までの間ですか。

答え 　　　時 ～ 　　　時まで

1　次の折れ線グラフは、夏の気温の変化と、プールの水温の変化を表したものです。

気温の変化とプールの水温の変化

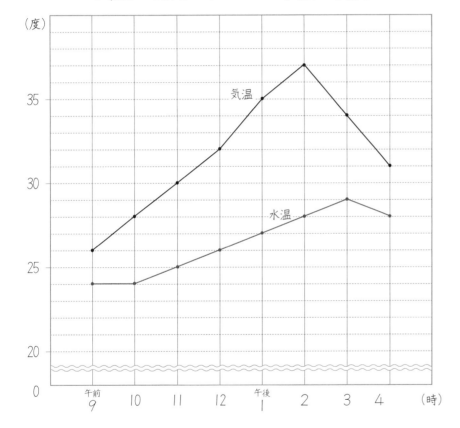

① 気温が一番高かったのは、何時で、何度ですか。

答え＿＿＿＿＿＿＿＿＿＿＿

② 水温が一番高かったのは、何時で、何度ですか。

答え＿＿＿＿＿＿＿＿＿＿＿

③ 午前9時から、午後2時までの間で、気温が急に上がったのは何時から何時までですか。

答え＿＿＿＿＿＿＿＿＿＿＿

④ 午前9時から、午後2時までの間で、気温の変化とプールの水温の変化は、どちらが大きいですか。

答え＿＿＿＿＿＿＿＿＿＿＿

⑤ 気温とプールの水温の温度のちがいが一番大きかったのは何時で、温度のちがいは何度ですか。

答え＿＿＿＿＿＿＿＿＿＿＿

学習日　月　日　名前

色をぬろう　わからない　だいたいできた　できた!

1　次の表は、男の子の成長を表しています。
　「年れいと体重の変化」の表題をつけました。
　次の手順にしたがって、折れ線グラフをかきましょう。

年れいと体重の変化

年れい（オ）	0	1	2	3	4	5	6
体　重（kg）	3	9	11	13	16	18	20

①　グラフの上の　　　　に表題をかきましょう。

②　グラフの下の□に年れいをかきましょう。

③　それぞれの年れいのときの体重を点で表し、その点を直線で結んで、折れ線グラフをかきましょう。

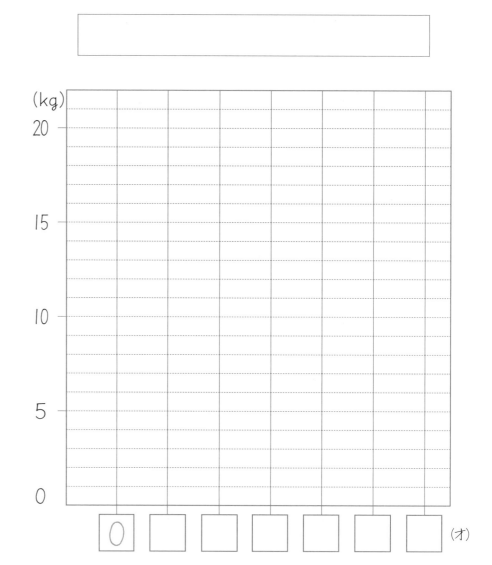

2 グラフや表 ④

1　次の表は、１月から12月までの１年間で、毎月
　１日の午後２時の気温をはかったものです。
　「１年間の気温の変わり方」を折れ線グラフで
　表しましょう。

１年間の気温の変わり方

月	1	2	3	4	5	6
気温（度）	10	13	15	20	24	27

7	8	9	10	11	12
31	33	29	23	17	12

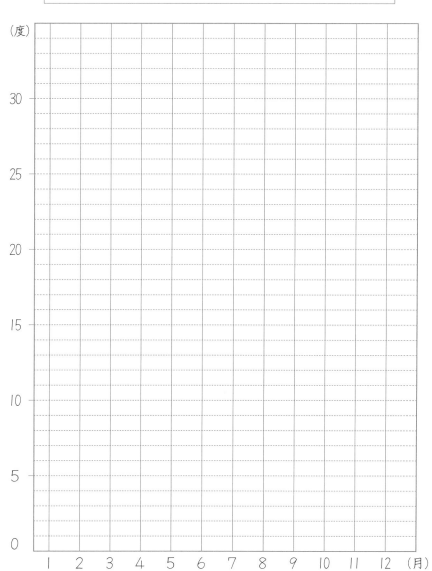

2 グラフや表 ⑤

学 習 日	名
月　日	前

色を
ぬろう　わからない　だいたいできた　できた！

1 次の図形を形と色で分けて調べます。

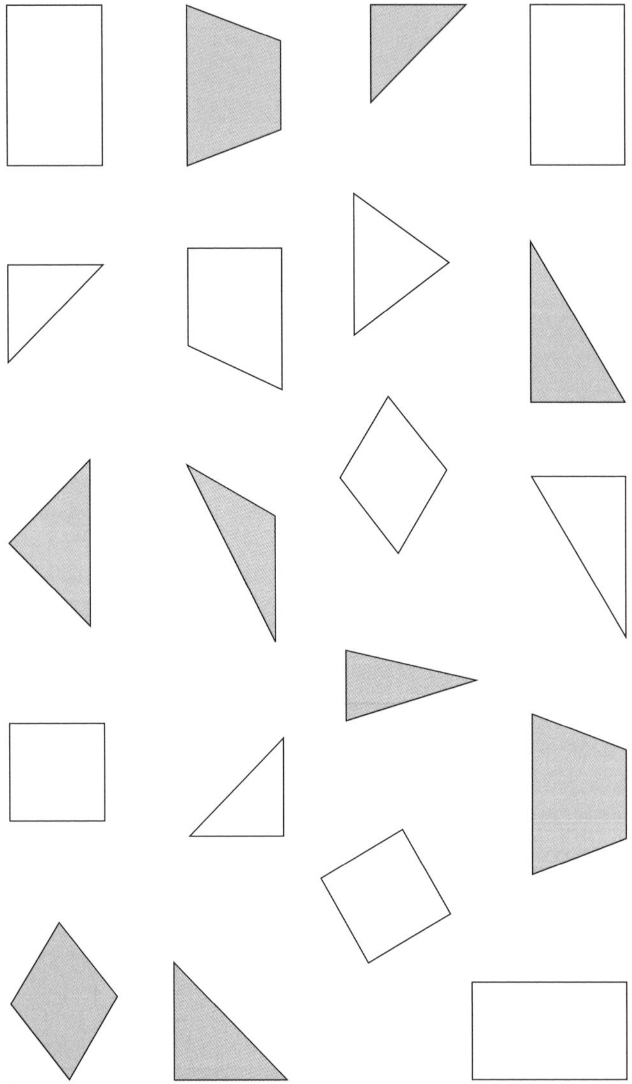

① 左の図形を次の表にまとめましょう。

形＼色	白	青
三角形		
四角形	一	
合計		

② 1番多かったのは、どの色のどんな形ですか。

答え _____

③ 2番目に多かったのは、どの色のどんな形ですか。

答え _____

14

グラフや表 ⑥

学習日	名
月　日	前

色を
ぬろう

| わからない | だいたいできた | できた！ |

1 次の表は、1学期にけがをした人の学年・けがの種類(しゅるい)・けがをした場所を記録(きろく)したものです。

〈けがの記録〉

学年	けがの種類	場　所	学年	けがの種類	場　所
5	すりきず	ろうか	1	すりきず	教　室
3	すりきず	教　室	5	つき指	校　庭
4	打ぼく	校　庭	4	打ぼく	ろうか
6	すりきず	ろうか	2	つき指	校　庭
1	すりきず	教　室	4	すりきず	ろうか
5	つき指	教　室	1	すりきず	教　室
4	すりきず	ろうか	5	打ぼく	ろうか
2	つき指	教　室	6	つき指	校　庭
6	打ぼく	校　庭	3	打ぼく	ろうか
5	すりきず	ろうか	6	すりきず	校　庭
3	つき指	教　室	5	つき指	教　室
6	打ぼく	校　庭	1	打ぼく	ろうか
2	すりきず	教　室	6	すりきず	教　室

① どの学年にどのけがが多いか、次の表にまとめましょう。

	すりきず	打ぼく	つき指	合計
1年				
2年				
3年				
4年				
5年				
6年				

② けがの種類と場所について、まとめましょう。

	ろうか	教　室	校　庭	合計
すりきず				
打ぼく				
つき指				

③ すりきずが一番多かった場所はどこですか。

答え _____

① 犬とねこについて、好きかきらいかを聞いて、次の表にまとめました。

動物の好ききらい

		犬		合　計
		好き	きらい	
ね こ	好き	18	8	26
	きらい	4	2	6
合　計		22	10	32

① 犬とねこのどちらも好きと答えた人は何人ですか。

答え _____

② ねこが好きと答えた人は何人ですか。

答え _____

② かおるさんのクラスは、男子15人、女子17人です。

クラスの人に、りんごとバナナのうち、どちらが好きかたずねました。

りんごが好きと答えてくれた人は14人でした。

バナナが好きと答えてくれた人は18人で、そのうち9人が男子でした。

次の表の①〜④にあてはまる数を求めましょう。

	男子（人）	女子（人）	合　計
りんごが好き	①	②	14
バナナが好き	9	③	18
合　計	15	17	④

16

51÷8 を筆算でします。右のようにわられる数とわる数をかきます。

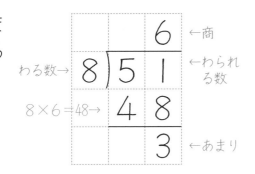

わる数→　8）51　←わられる数
8×6＝48→　48
3　←あまり

←商

8のだんから

① **商に6をたてます。**
② **8×6＝48 とかけて下にかきます。**
③ **51−48＝3 で、あまりをかきます。**

あまりは、わる数より小さくなります。
あまりが、わる数より大きいときは、商が小さいときで、商を大きくしなければいけません。

わり算では

　① たてる　② かける　③ ひく

の順に計算します。
わり算によっては、わられる数の次の位の数字を「④ おろす」で、くり返しする場合もあります。

1 次の計算をしましょう。

①
7）31

②
9）53

③
6）41

④
4）31

⑤
8）23

⑥
5）38

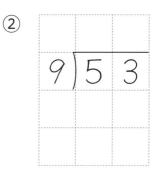
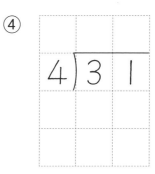

3 わり算の筆算（÷1けた）②

学習日	名
月　日	前

色を
ぬろう
わから　だいたい　できた！
ない　　できた

56÷2 の計算をします。

わられる数の十の位の5の中に2は2回。商2をたてます。

2×2＝4、5－4＝1

わられる数の一の位の6をおろします。

16の中に2は8回。商8をたてます。

2×8＝16、16－16＝0

```
          2 8    ←たてる
      2 ) 5 6
2×2=4→    4
5-4=1→    1 6    ←おろす
2×8=16→   1 6
16-16=0→      0
```

2 次の計算をしましょう。（あまりあり）

①
```
5 ) 7 6
```

②
```
6 ) 8 0
```

1 次の計算をしましょう。

①
```
3 ) 7 5
```

②
```
4 ) 9 2
```

③
```
2 ) 3 9
```

④
```
4 ) 5 7
```

3 わり算の筆算 （÷1けた）③

学 習 日	名
月　　日	前

色を
ぬろう

わからない　だいたいできた　できた！

63÷3 の計算をします。

わられる数の十の位の6
の中に3は2回。商2をた
てます。

3×2＝6、6－6＝0

わられる数の一の位の3
をおろします。

3の中に3は1回。商1
をたてます。

3×1＝3、3－3＝0

```
      2 1   ←たてる
   3 ) 6 3
3×2=6→ 6
6-6=0→
0はかかない  3   ←おろす
         3
         0
```

2 次の計算をしましょう。（あまりあり）

①
```
6 ) 6 7
```

②
```
5 ) 5 8
```

1 次の計算をしましょう。

①
```
2 ) 4 6
```

②
```
4 ) 8 4
```

③
```
2 ) 6 5
```

④
```
3 ) 9 4
```

19

91÷3 の計算をすると、ふつう左側のようになります。

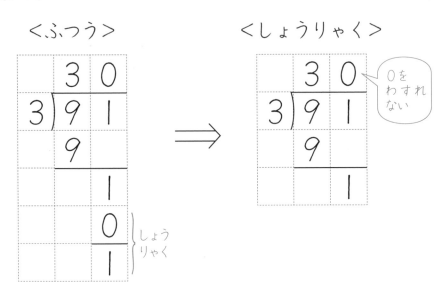

＜ふつう＞　　＜しょうりゃく＞

0を
わすれ
ない

しょう
りゃく

　左の計算で1をおろしたとき、1の中に3はないので、商0をたてて、しょうりゃくすることができます。

　このとき、商0をわすれることがありますので注意しましょう。

1　次の計算をしましょう。

①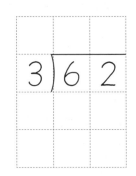

$2\overline{)41}$

②

$3\overline{)62}$

③

$4\overline{)83}$

④

$5\overline{)51}$

⑤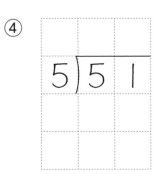

$3\overline{)90}$

⑥

$2\overline{)40}$

3 わり算の筆算（÷1けた）⑤

色を
ぬろう　わからない　だいたいできた　できた！

376÷2 を計算します。

　われる数の百の位３の中に２は1回。商1をたてます。
　2×1＝2、3−2＝1
　7をおろします。17の中に2は8回。商8をたてます。
　かける、ひく、おろすをくり返します。

```
      1 8 8
  2 ) 3 7 6
      2
      1 7
      1 6
        1 6
        1 6
          0
```

1 次の計算をしましょう。

① 3)774

② 4)572

③ 4)449

④ 5)678

2 次の計算をしましょう。（あまりあり）

① 3)467

② 2)563

3 わり算の筆算（÷1けた）⑥

学習日	名
月　日	前

色を
ぬろう

わから
ない

だいたい
できた

できた！

435÷5 を計算します。

わられる数の百の位4の中に
5はありません。4の上に商は
たちません。

43の中に5は8回。商8をた
て、かける、ひくをします。

5をおろし、35の中に5は7
回。商7をたてて計算します。

商はたたない
×

```
      8 7
  5)4 3 5
    4 0
      3 5
      3 5
          0
```

2 次の計算をしましょう。（あまりあり）

① 4)257

② 3)148

1 次の計算をしましょう。

① 7)588

② 3)285

③ 6)368

④ 7)592

3 わり算の筆算 （÷1けた） ⑦

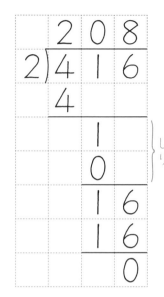

計算のとちゅうをしょうりゃく
することができます。

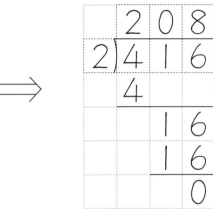

しょうりゃくすることが
できます。

---

1 次の計算をしましょう。

①

②

```
3)615
```

2 次の計算をしましょう。

①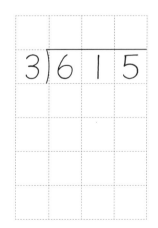

②

```
4)482
```

1 345まいの折り紙を1人に7まいずつ配ります。何人に配れて、何まいあまるか考えます。

① 上の問いに答えましょう。

式 _____

答え _____

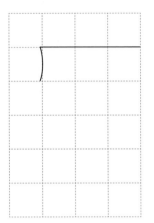

② （配れる人数）×7＋（あまり）を計算して、配る前の数345まいになることを、たしかめて、正しいかそうでないか○をつけましょう。

式 _____

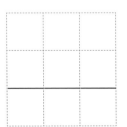

計算は　正しい　・　正しくない

2 9cmのいねのなえを植えました。いねは成長して高さが45cmになりました。成長したいねの高さは、いねのなえの高さの何倍ですか。

式 _____

答え _____

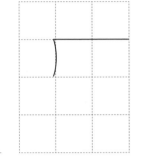

3 クジラの親の体長は、クジラの子どもの体長の6倍で、18mです。クジラの子どもの体長は何mですか。

式 _____

答え _____

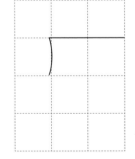

学 習 日	名
月　日	前

点アを中心にして、直線アウを動かします。

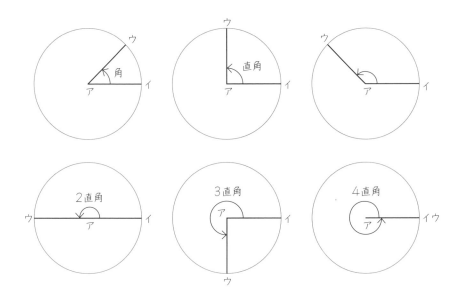

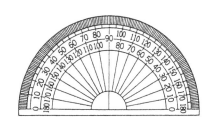

いろいろな角の大きさが
できます。この角の大きさ
をはかるときには、**分度器**
を使います。直角を90に等
分した1つ分を**1度**といい、**1°**とかきます。
角の大きさのことを **角度** ともいいます。

1 次の ☐ にあてはまる数をかきましょう。

① 1直角 = ☐ °

② 2直角 = ☐ °

③ 3直角 = ☐ °

④ 4直角 = ☐ °

<角度のはかり方>
角ウアイの大きさをはかります。
① 分度器の中心をちょう点アに
あわせる。
② 0°の線を直線アイ
にあわせる。
③ 直線アウと重なった
目もりを読む。

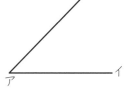

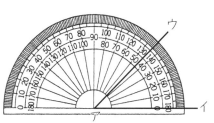

4 角の大きさ ②

学習日	名
月　日	前

色を
ぬろう

1　次の角度をはかりましょう。

① 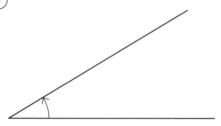　　　　　　　（　　　°　）

② 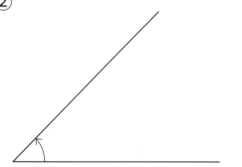　　　　　　　（　　　°　）

③ 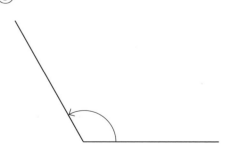　　　　　　　（　　　°　）

2　次の角度をはかりましょう。

① 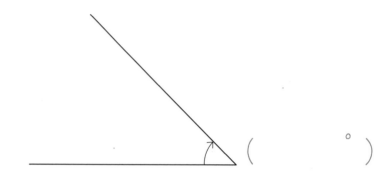　　　　　　　（　　　°　）

② 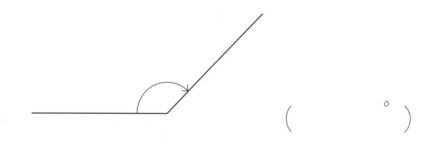　　　　　　　（　　　°　）

③ 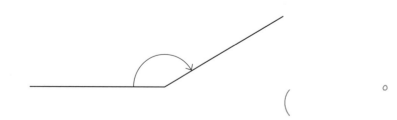　　　　　　　（　　　°　）

1 次の角度をはかりましょう。

①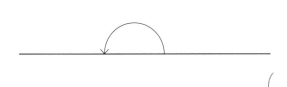

（　　　　°　）

②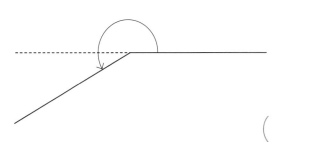

（　　　　°　）

③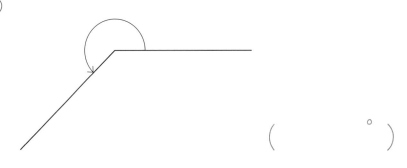

（　　　　°　）

2 次の角度をはかりましょう。

①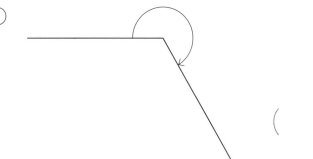

（　　　　°　）

②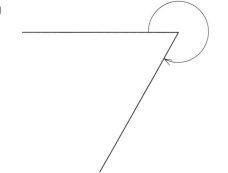

（　　　　°　）

③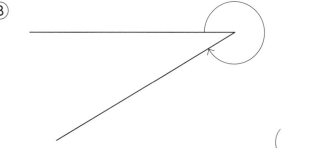

（　　　　°　）

1　次の角をかきましょう。

① 40°

② 70°

2　次の角をかきましょう。

① 135°

② 155°

4 角の大きさ ⑤

1 次の角をかきましょう。

① 200°

② 240°

2 次の角をかきましょう。

① 275°

② 325°

4 角の大きさ ⑥

1 次の角度をはかりましょう。

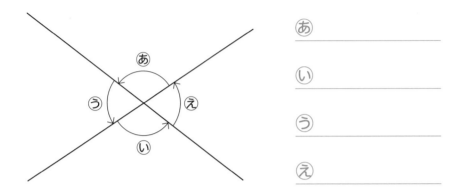

あ＿＿＿＿＿＿

い＿＿＿＿＿＿

う＿＿＿＿＿＿

え＿＿＿＿＿＿

　あといが同じ角度、うとえが同じ角度になりました。また、あ＋うは180°になります。

2 次の角度を求めましょう。

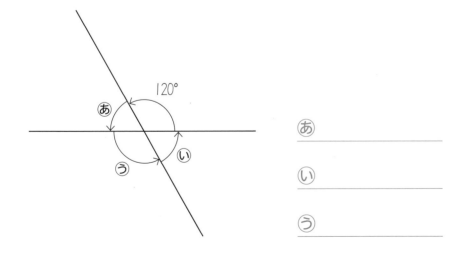

120°

あ＿＿＿＿＿＿

い＿＿＿＿＿＿

う＿＿＿＿＿＿

3 三角じょうぎの角度をはかりましょう。

①

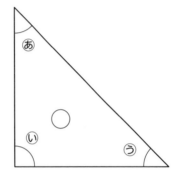

あ＿＿＿＿＿＿

い＿＿＿＿＿＿

う＿＿＿＿＿＿

②

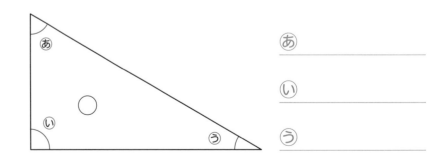

あ＿＿＿＿＿＿

い＿＿＿＿＿＿

う＿＿＿＿＿＿

1 次の三角形をかきましょう。

① 2つの辺の長さが6cmと5cmで、その間の
角が50°の三角形

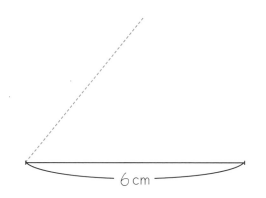

6cm

② 1つの辺の長さが8cmで、その両はしの角が
40°と60°の三角形

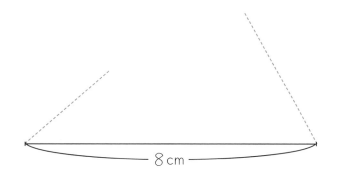

8cm

2 次の問いに答えましょう。

① 1辺の長さが8cmの正三角形をコンパスを使
ってかきましょう。

8cm

② 正三角形の3つの角を分度器ではかります。
それぞれの角の大きさは、同じです。その角
度をかきましょう。

答え _____

1 三角じょうぎを2まい組み合わせてつくった、次の角度は何度ですか。　（1つ10点）

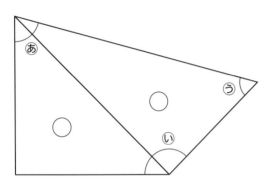

あ＿＿＿＿＿＿＿＿＿

い＿＿＿＿＿＿＿＿＿

う＿＿＿＿＿＿＿＿＿

2 三角じょうぎを2まい組み合わせてつくった、次の角度は何度ですか。　（1つ10点）

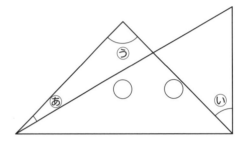

あ＿＿＿＿＿＿＿＿＿

い＿＿＿＿＿＿＿＿＿

う＿＿＿＿＿＿＿＿＿

え＿＿＿＿＿＿＿＿＿

お＿＿＿＿＿＿＿＿＿

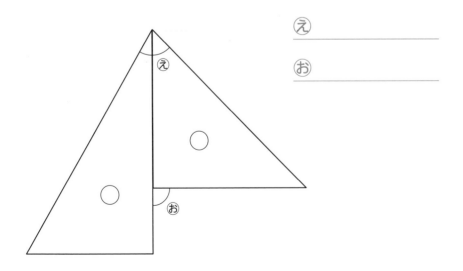

え＿＿＿＿＿＿＿＿＿

お＿＿＿＿＿＿＿＿＿

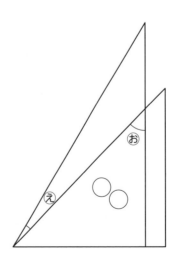

5 小数のたし算・ひき算 ①

学習日　月　日

名前

色をぬろう　わからない　だいたいできた　できた！

1Lのますを10等分した1つは、0.1Lです。

0.1Lを10等分した1つを、0.01Lと表します。

さらに、0.01Lを10等分した1つを、0.001Lと表します。

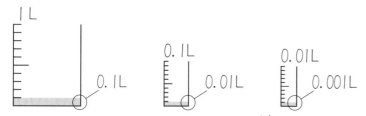

小数 0.246 の数字の2の位を小数第1位、数字の4の位を小数第2位、数字の6の位を小数第3位 といいます。

0.246
↑小数第一位　↑小数第2位　↑小数第3位

1　次の水かさは、何Lですか。

① 1L　0.1L

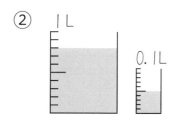

答え _____

② 1L　0.1L

答え _____

2　次の数を求めましょう。

① 0.1が2こと、0.01が8こあわせた数

答え _____

② 0.1が3こと、0.01が7こと、0.001が5こあわせた数

答え _____

③ 0.07は、0.01が何こ集まった数ですか。

答え _____

④ 0.23は、0.01が何こ集まった数ですか。

答え _____

⑤ 0.005は、0.001が何こ集まった数ですか。

答え _____

⑥ 0.043は、0.001が何こ集まった数ですか。

答え _____

33

5 小数のたし算・ひき算 ②

1 （ ）内の単位にあわせ、小数でかきましょう。

① 1 L 2 dL　　　　　　（　　　　　L）

② 7 dL　　　　　　　　（　　　　　L）

③ 3 m 45 cm　　　　　（　　　　　m）

④ 31 cm　　　　　　　（　　　　　m）

⑤ 2 cm 6 mm　　　　　（　　　　　m）

⑥ 5 kg 420 g　　　　　（　　　　　kg）

⑦ 530 g　　　　　　　（　　　　　kg）

⑧ 47 g　　　　　　　　（　　　　　kg）

1と0.1、0.01、0.001の関係は、次のようになります。

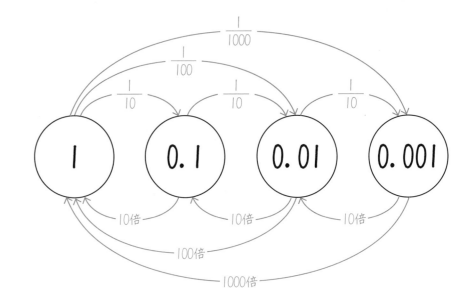

2 次の数はそれぞれ何倍すると1になりますか。

① 0.1　　　　　　　答え _____

② 0.01　　　　　　答え _____

③ 0.001　　　　　答え _____

5 小数のたし算・ひき算 ③

1 次の数を10倍、100倍、1000倍した数をかきましょう。

	整 数			小 数		
	百	十	一	第1位	第2位	第3位
1000倍						
100倍						
10倍			1	3		
もとの数			0	1	3	

2 次の数を $\frac{1}{10}$、$\frac{1}{100}$、$\frac{1}{1000}$ にした数をかきましょう。

	整 数			小 数		
	百	十	一	第1位	第2位	第3位
もとの数		4	7			
$\frac{1}{10}$			4	7		
$\frac{1}{100}$						
$\frac{1}{1000}$						

3 1目もりが0.01の数直線があります。次の目もりを読みましょう。

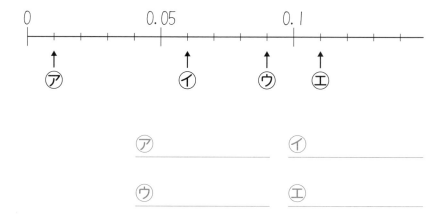

ア _____　　イ _____

ウ _____　　エ _____

4 大きい方の数に○をつけましょう。

① 0.06 と 0.08　　② 0.03 と 0.02
　（　）（　）　　　（　）（　）

③ 1.25 と 1.26　　④ 2.16 と 2.36
　（　）（　）　　　（　）（　）

⑤ 0.004 と 0.002　⑥ 0.45 と 0.39
　（　）（　）　　　（　）（　）

35

5 小数のたし算・ひき算 ④

学習日		名	
月	日	前	

色を
ぬろう

わからない	だいたいできた	できた！

1 次の計算をしましょう。

①
```
  3.54
+ 1.23
------
  4.77
```

②
```
  4.03
+ 2.51
------
```

③
```
  7.34
+ 2.13
------
```

④
```
  4.53
+ 5.21
------
```

⑤
```
  3.74
+ 5.73
------
```

⑥
```
  4.83
+ 1.98
------
```

⑦
```
  2.78
+ 4.97
------
```

⑧
```
  3.69
+ 4.53
------
```

2 次の計算をしましょう。

①
```
  0.08
+ 0.07
------
```

②
```
  0.06
+ 0.09
------
```

③
```
  0.18
+ 0.99
------
```

④
```
  0.35
+ 0.87
------
```

⑤
```
  7.43
+ 1.57
------
```

⑥
```
  0.06
+ 6.94
------
```

⑦
```
  0.74
+ 0.36
------
```

⑧
```
  0.07
+ 0.03
------
```

学習日　月　日

名前

色をぬろう　わからない　だいたいできた　できた！

1 次の計算をしましょう。

①
$$\begin{array}{r} 4.38 \\ -2.13 \\ \hline \end{array}$$

②
$$\begin{array}{r} 7.45 \\ -3.24 \\ \hline \end{array}$$

③
$$\begin{array}{r} 6.79 \\ -1.57 \\ \hline \end{array}$$

④
$$\begin{array}{r} 6.23 \\ -3.12 \\ \hline \end{array}$$

⑤
$$\begin{array}{r} 0.76 \\ -0.43 \\ \hline \end{array}$$

⑥
$$\begin{array}{r} 0.85 \\ -0.31 \\ \hline \end{array}$$

⑦
$$\begin{array}{r} 2.17 \\ -1.69 \\ \hline \end{array}$$

⑧
$$\begin{array}{r} 4.02 \\ -2.56 \\ \hline \end{array}$$

2 次の計算をしましょう。

①
$$\begin{array}{r} 3.56 \\ -1.87 \\ \hline \end{array}$$

②
$$\begin{array}{r} 7.06 \\ -3.37 \\ \hline \end{array}$$

③
$$\begin{array}{r} 1.03 \\ -0.88 \\ \hline \end{array}$$

④
$$\begin{array}{r} 0.96 \\ -0.9 \\ \hline \end{array}$$

⑤
$$\begin{array}{r} 6 \\ -0.78 \\ \hline \end{array}$$

⑥
$$\begin{array}{r} 7 \\ -2.96 \\ \hline \end{array}$$

⑦
$$\begin{array}{r} 4.56 \\ -0.56 \\ \hline \end{array}$$

⑧
$$\begin{array}{r} 7.23 \\ -1.23 \\ \hline \end{array}$$

5 小数のたし算・ひき算 ⑥ まとめ

ごうかく
80～100
点　　点

1 小数 0.2 について、次の数を求めましょう。

（1つ5点）

① 10倍した数　　　　　　　　答え _____

② 1000倍した数　　　　　　　答え _____

③ $\frac{1}{10}$ にした数　　　　　　　答え _____

④ $\frac{1}{100}$ にした数　　　　　　　答え _____

2 1目もりが 0.001 の数直線があります。次の目もりを読みましょう。

（1つ5点）

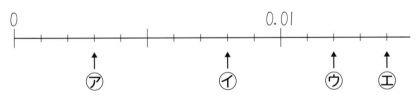

⑦ _____　　　　　⑦ _____

⑦ _____　　　　　⑦ _____

3 次の計算をしましょう。

（1つ6点）

①
```
  5.24
+ 1.28
```

②
```
  3.57
+ 4.61
```

③
```
  3.77
+ 2.89
```

④
```
  4.57
+ 1.68
```

⑤
```
  2.34
+ 2.56
```

⑥
```
  6.34
- 2.13
```

⑦
```
  7.36
- 4.29
```

⑧
```
  8.41
- 2.77
```

⑨
```
  6
- 0.92
```

⑩
```
  4.58
- 1.28
```

6 わり算の筆算 (÷2けた) ①

80÷20 の計算は、10のかたまりで考えます。

80は10のかたまりで8、20は10のかたまりで2です。

80÷20 は、10のかたまりで考えると 8÷2 と同じです。

商に4をたてて、かける、ひくをします。

商の位置
↓

```
        4
2 0 ) 8 0
      8 0
        0
```

96÷32 の計算も、10のかたまりで考えるのを指でかくす方法を使ってみます。

96÷32 = 9▢ ÷ 3▢

9÷3 の商は3で、96÷32 の商は3と見当をつけます。

あとは、今までと同じで

(たてる) → (かける) → (ひく)

をします。

商の位置
↓

```
        3
3 2 ) 9 6
      9 6
        0
```

---

1 次の計算をしましょう。

①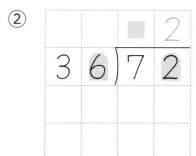

指でかくし、6÷2から
商3がたつ（たてる）
21×3＝63　（かける）
63−63＝0　（ひく）

②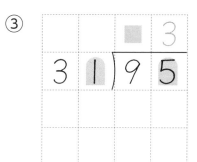

指でかくし、7÷3から
商2がたつ（たてる）
36×2＝72　（かける）
72−72＝0　（ひく）

③

```
3 1 ) 9 5
```

指でかくし、9÷3から
商3がたつ（たてる）
31×3＝93　（かける）
95−93＝2　（ひく）

学習日	名
月　日	前

色を
ぬろう

わから
ない　だいたい
できた　できた！

1 次の計算をしましょう。

①
$$26\overline{)78}$$
    3
    7 8
    0

②
$$23\overline{)92}$$

③
$$38\overline{)76}$$

④
$$47\overline{)94}$$

⑤
$$24\overline{)72}$$

⑥
$$30\overline{)90}$$

2 次の計算をしましょう。（あまりあり）

①
$$23\overline{)54}$$

②
$$32\overline{)98}$$

③
$$39\overline{)83}$$

④
$$34\overline{)75}$$

⑤
$$12\overline{)39}$$

⑥
$$21\overline{)91}$$

6 わり算の筆算（÷2けた）③

学習日　月　日　名前

1 次の計算をしましょう。（商のたて直し）

① 14)56　② 27)81

③ 16)64　④ 17)68

⑤ 18)90　⑥ 19)76

2 次の計算をしましょう。（あまりあり）

① 48)91　② 37)72

③ 24)92　④ 18)78

⑤ 17)50　⑥ 19)93

6 わり算の筆算 （÷2けた）④

学習日　月　日　名前

色を
ぬろう

わから
ない　だいたい
できた　できた！

1 次の計算をしましょう。

① 23)138

② 34)204

③ 43)344

④ 21)147

⑤ 54)216

⑥ 78)234

2 次の計算をしましょう。（あまりあり）

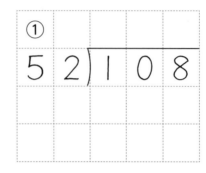

① 52)108

② 23)139

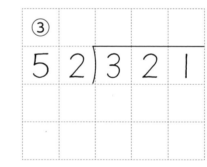

③ 52)321

④ 42)128

⑤ 64)389

⑥ 21)138

6 わり算の筆算 (÷2けた) ⑤

1 次の計算をしましょう。（商のたて直し）

① 35)245

② 69)483

③ 57)456

④ 18)108

⑤ 16)112

⑥ 19)152

2 次の計算をしましょう。（あまりあり）

① 32)159

② 21)124

③ 53)154

④ 27)207

⑤ 39)302

⑥ 48)174

43

6 わり算の筆算（÷2けた）⑥

学 習 日	名
月　　日	前

色を
ぬろう

わから
ない　　だいたい
できた　　できた！

1　次の計算をしましょう。

①
```
         1
   32)4 1 6
      3 2
```

②
```
   24)5 2 8
```

③
```
   41)7 3 8
```

④
```
   67)8 7 1
```

2　次の計算をしましょう。

①
```
   34)8 1 6
```

②
```
   49)7 8 4
```

③
```
   24)6 2 4
```

④
```
   46)7 3 6
```

6 わり算の筆算（÷2けた）⑦

1 次の計算をしましょう。（あまりあり）

① 57)984

② 24)691

③ 48)697

④ 38)799

2 次の計算をしましょう。（あまりあり）

① 21)864

② 16)751

③ 45)956

④ 36)578

6 わり算の筆算（÷2けた）⑧

1 96本のバナナがあります。12本ずつかごにのせると、かごは何こ必要ですか。

式 _____

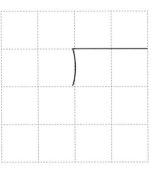

答え _____

2 162kgのみかんがあります。1つの箱に18kgずつつめると、何箱できますか。

式 _____

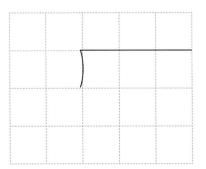

答え _____

3 320cmのリボンがあります。26cmずつ切ると、何本とれて、何cm残りますか。

式 _____

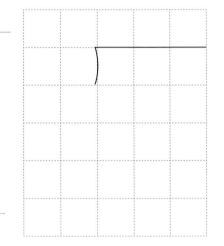

答え _____

_____

4 210このダンボール箱があります。トラック1台には、このダンボール箱を24こ積んで運ぶことができます。すべてのダンボール箱を運ぶには、何台のトラックが必要ですか。

式 _____

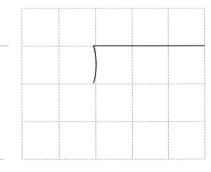

答え _____

学習日　月　日
名前
ごうかく 80〜100点　点

1 次の計算をしましょう。　　　　　　（1つ10点）

① 2)48

② 3)75

③ 4)58

④ 23)138

⑤ 52)108

⑥ 57)456

⑦ 39)302

2 76このかきがあります。6こずつかごにのせると、何かごできて、何こあまりますか。
（式5点・計算5点・答え5点）

式 _____

答え _____

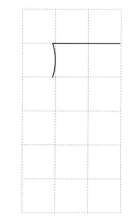

3 23人で437このくりを拾いました。同じ数に分けると、1人分は何こですか。
（式5点・計算5点・答え5点）

式 _____

答え _____

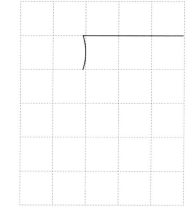

7 およその数 ①

0，1，2，3，4，5，6，7，8，9，10，
……などの数を **整数** といいます。

たとえば、1，2，3，4，5，6，7，8，9
の9この整数があるとき、

5**以上**の整数といえば、5をふくめて、5より大きい整数のことで、このときは、5，6，7，8，9を表します。

数直線の図で、
・はふくむことを
表します。

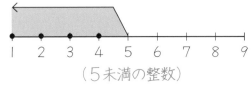
（5以上の整数）

5**以下**の整数といえば、5をふくめて、5より小さい整数のことで、1，2，3，4，5を表します。

（5以下の整数）

また、5**未満**の整数といえば、5をふくまないで、5より小さい整数のことで、1，2，3，4のことです。

（5未満の整数）

1　1から、15までの整数について

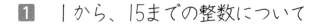

1　2　3　4　5　6　7　8　9　10　11　12　13　14　15

① 10以上の整数を答えましょう。

　　　答え _____

② 6以下の整数を答えましょう。

　　　答え _____

③ 4未満の整数を答えましょう。

　　　答え _____

④ 7以上、11未満の整数を答えましょう。

　　　答え _____

2　次の□にあてはまる数をかきましょう。

①
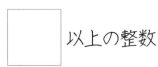
11　12　13　14　15　16　17　　□ 以上の整数

②

21　22　23　24　25　26　27　　□ 未満の整数

48

りんごの重さが 210g のとき、およそ 200g と考えることができます。

りんごの重さが 280g のときはどうでしょう。およそ 300g と考えることができます。

このように、およその数のことを **がい数** といいます。

たとえば、210 や 280 を百の位（くらい）のがい数にするとき、十の位に注目して、十の位の数が

0，1，2，3，4 …… 切りすてる
5，6，7，8，9 …… 切り上げる

方法（ほうほう）があります。これを **四捨五入（ししゃごにゅう）** といいます。

210 や 280 を百の位のがい数で表すとき

2İ0 → 200 （十の位が1だから）

2̇80 → 300 （十の位が8だから）

となります。

---

1 次の数を十の位までのがい数にします。十の位のがい数にするときは、一の位を四捨五入します。四捨五入する位に（•）を打ってから、がい数にします。

① 6İ ＿＿＿＿　② 7̇5 ＿＿＿＿

③ 48 ＿＿＿＿　④ 32 ＿＿＿＿

⑤ 253 ＿＿＿＿　⑥ 189 ＿＿＿＿

⑦ 324 ＿＿＿＿　⑧ 576 ＿＿＿＿

2 次の数を百の位までのがい数にしましょう。

① 5̇63 ＿＿＿＿　② 4̇28 ＿＿＿＿

③ 749 ＿＿＿＿　④ 891 ＿＿＿＿

⑤ 2784 ＿＿＿＿　⑥ 5438 ＿＿＿＿

⑦ 3249 ＿＿＿＿　⑧ 6578 ＿＿＿＿

1　次の数を千の位までのがい数にします。千の位のがい数にするときは、百の位を四捨五入します。四捨五入する位に点（•）を打ってから、がい数にしましょう。

① 1981　　　　② 2156

③ 3863　　　　④ 5482

⑤ 16480

2　次の数を一万の位までのがい数にしましょう。

① 43698　　　　_____

② 28581　　　　_____

③ 76208　　　　_____

④ 32671　　　　_____

3　次の数を上から1けたのがい数にします。
上から1けたのがい数にするときは、上から2けた目の数を四捨五入します。四捨五入する位に（•）を打ってから、がい数にしましょう。

① 458　　　　② 947

③ 1392　　　　④ 3648

⑤ 47609

4　次の数を上から2けたのがい数にしましょう。

① 7681　　　　_____

② 5627　　　　_____

③ 48635　　　　_____

④ 76479　　　　_____

7 およその数 ④

1 一の位を四捨五入して、30になる数に○をつけましょう。

① 34　（　　　）　　② 23　（　　　）

③ 36　（　　　）　　④ 26　（　　　）

⑤ 24　（　　　）　　⑥ 35　（　　　）

⑦ 29　（　　　）　　⑧ 33　（　　　）

⑨ 25　（　　　）　　⑩ 28　（　　　）

3 十の位を四捨五入して、500になる数に○をつけましょう。

① 458　（　　　）　　② 571　（　　　）

③ 478　（　　　）　　④ 536　（　　　）

⑤ 509　（　　　）　　⑥ 493　（　　　）

⑦ 562　（　　　）　　⑧ 436　（　　　）

⑨ 449　（　　　）　　⑩ 550　（　　　）

2 一の位を四捨五入して、30になる整数は、いくつから、いくつまでですか。数直線を見て考えましょう。

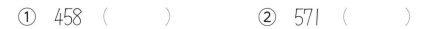

23　24　25　26　27　28　29　30　31　32　33　34　35

答え　　　　から　　　　まで

4 十の位を四捨五入して、500になる数は、いくつからいくつまでですか。数直線を見て考えましょう。

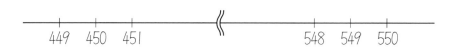

449　450　451　　　548　549　550

答え　　　　から　　　　まで

1 電気店で、61860円のエアコンと、25820円のデジタルカメラを買いました。

① エアコンの代金を千の位<ruby>位<rt>くらい</rt></ruby>までのがい数にしましょう。

答え＿＿＿＿＿＿＿＿

② デジタルカメラの代金を千の位までのがい数にしましょう。

答え＿＿＿＿＿＿＿＿

③ ①、②のがい数を使って、代金の合計を出しましょう。

式＿＿＿＿＿＿＿＿＿＿

答え＿＿＿＿＿＿＿＿

④ エアコンは、デジタルカメラより、およそ何万何千円高いですか。

式＿＿＿＿＿＿＿＿＿＿

答え＿＿＿＿＿＿＿＿

2 22800円のDVDプレーヤーと、79800円のテレビを買いました。

① DVDプレーヤーの代金を千の位までのがい数にしましょう。

答え＿＿＿＿＿＿＿＿

② テレビの代金を千の位までのがい数にしましょう。

答え＿＿＿＿＿＿＿＿

③ ①、②のがい数を使って、代金の合計を出しましょう。

式＿＿＿＿＿＿＿＿＿＿

答え＿＿＿＿＿＿＿＿

④ テレビは、DVDプレーヤーより、およそ何万何千円高いですか。

式＿＿＿＿＿＿＿＿＿＿

答え＿＿＿＿＿＿＿＿

1 　1本315円のジュースを28本買います。

① 　ジュース1本のねだんを、上から1けたのがい数にしましょう。

答え _____

② 　ジュースを買う本数を、上から1けたのがい数にしましょう。

答え _____

③ 　①、②のがい数を使って、代金の合計を出しましょう。

式 _____

答え _____

2 　スーパーマーケットで、1箱208円のビスケットがありました。今、6300円持っています。
　6300円で、このビスケットは何箱買えるか考えます。

① 　ビスケットのねだんを、上から1けたのがい数にしましょう。

答え _____

② 　持っているお金を、上から1けたのがい数にしましょう。

答え _____

③ 　①、②のがい数を使って、ビスケットが何箱買えるか答えましょう。

式 _____

答え _____

学習日　月　日
名前

ごうかく
80〜100
点　　　点

1　次の数を百の位までのがい数にしましょう。

（1つ5点）

① 483

② 351

③ 614

④ 244

⑤ 863

⑥ 925

2　次の数を千の位までのがい数にしましょう。

（1つ5点）

① 6736

② 5435

③ 7149

④ 2748

⑤ 15486

⑥ 27723

3　十の位を四捨五入して、200になる数は、いくつからいくつまでですか。

（10点）

答え

4　75650円のけいたい電話と、20900円のうで時計を買いました。

①　けいたい電話の代金を上から2けたのがい数で表しましょう。

（10点）

答え

②　うで時計の代金を上から2けたのがい数で表しましょう。

（10点）

答え

③　①、②のがい数を使って、およその代金を求めましょう。

（式・答え各5点）

式

答え

計算の順じょは、たし算、ひき算だけの式では、
左側から、順番にします。

$$20 + 5 - 3 = 22$$

① 25
② 22

ところが、かけ算やわり算が式の中に入ると

$$14 + 7 × 3 = 35$$

① 21
② 35

のように、かけ算やわり算を先にします。
また、（　）が式の中に入ると

$$35 ÷ (17 - 12) = 7$$

① 5
② 7

と、（　）の内の計算を先にします。順番は

$$（　）　→　×÷　→　＋ー$$

と覚えましょう。

1　次の計算をしましょう。

① $40 - 8 + 6 = $ 　☐

② $14 + 8 - 10 = $ 　☐

③ $50 - 8 × 6 = $ 　☐

④ $9 × 3 + 17 = $ 　☐

⑤ $37 + 12 ÷ 4 = $ 　☐

⑥ $100 ÷ 4 - 15 = $ 　☐

⑦ $60 × 4 + 40 × 2 = $ 　☐

⑧ $640 ÷ 8 - 560 ÷ 7 = $ 　☐

学習日　月　日　名前

1 次の計算をしましょう。

① $50 + (40 - 20) =$

② $(62 - 22) + 80 =$

③ $100 - (45 - 25) =$

④ $(200 - 150) - 10 =$

⑤ $4 \times (13 + 12) =$

⑥ $(70 - 63) \times 8 =$

⑦ $80 \div (15 - 7) =$

⑧ $40 \div (16 + 4) =$

2 次の計算をしましょう。

① $50 - (23 + 17) =$

② $100 - (36 - 24) =$

③ $90 \div (14 - 5) =$

④ $30 \times (9 + 1) =$

⑤ $180 - 50 \times 3 =$

⑥ $150 - 2 \times 40 =$

⑦ $60 \times 3 - 20 \times 5 =$

⑧ $30 \times 7 - 80 \div 2 =$

学習日　名前
月　日

数のかわりに □、○、△ を使うと、次のようなきまりがあります。

㋐　□+○=○+□

㋑　□×○=○×□

㋒　(□+○)+△=□+(○+△)

㋓　(□×○)×△=□×(○×△)

これらは、たし算とかけ算について、計算の順番（じゅんばん）を入れかえても、答えはかわらないことを表します。

1　上のきまりを使っています。□にあてはまる数をかきましょう。

①　26+73=73+ □

②　8×20=20× □

③　(17+4)+16= □ +(4+16)

④　(57×4)×25= □ ×(4×25)

2　くふうして、計算しましょう。

①　54+6.8+3.2= □

②　4.7+3.3+12= □

③　67+94+6= □

④　50+46+54= □

⑤　16×5×2= □

⑥　7×25×4= □

⑦　36×25= 9×4×25

　　　= □

8 計算のきまり ④

白い石と黒い石がならんでいます。

白い石は　4×7=28 こ

黒い石は　2×7=14 こ

で、白と黒の合計は

(4+2)×7=42 こ

です。

(4+2)×7=4×7+2×7

となります。数のかわりに、□、○、△を使うと

⑦　(□+○)×△=□×△+○×△

④　(□−○)×△=□×△−○×△

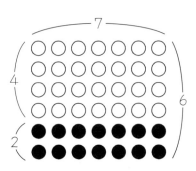

1　□にあてはまる数をかきましょう。

① (10+3)×6=10×6+□×6

② (10−2)×3=10×3−2×□

③ 4×8+6×8=(4+□)×8

④ 16×7−6×7=(16−6)×□

2　くふうして、計算しましょう。

① 6.8×5+3.2×5=(6.8+3.2)×5

　=

　=

② 103×43=(100+3)×43

　=

　=

③ 98×28=(100−2)×28

　=

　=

④ 10.2×7=(10+0.2)×7

　=

　=

　2本の直線が交わって直角ができるとき、この2本の直線は **垂直** であるといいます。

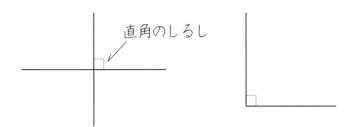

直角のしるし

　右の図のように、横の直線をのばすと、たての直線と直角に交わるときも垂直といいます。

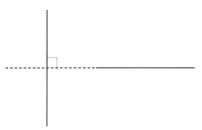

1　2本の直線が垂直なものに、直角のしるしをつけましょう。

①

②

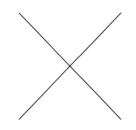

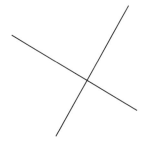

2　図のたての直線に垂直な直線は、⑦～⑦のどれですか。記号で答えましょう。

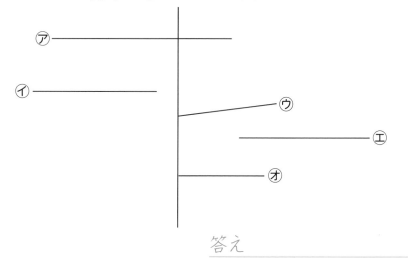

答え _____

3　三角じょうぎで、直角を表すところに、直角のしるしをつけましょう。

①

②

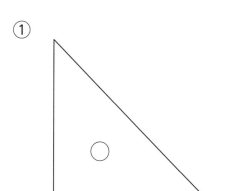 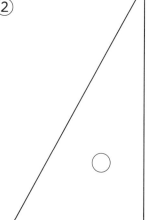

１本の直線に垂直な２本の直線は、**平行** であると
いいます。

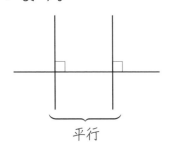
平行

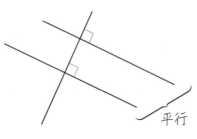
平行

１本の直線に、等し
い角度で交わる２本の
直線は平行であるとい
います。

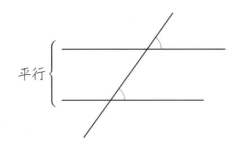
平行

1 右の長方形で、平行な
辺はどれとどれですか。
記号で答えましょう。

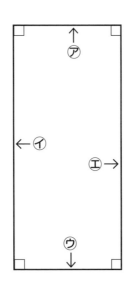

答え　　　　と　　　、　　　と

2 ２本の直線が平行になっているものの番号をか
きましょう。

①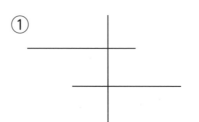

②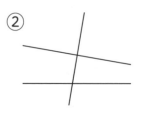

③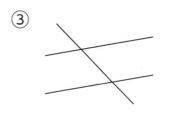

④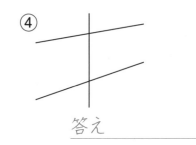

答え

3 平行な直線を選び、記号で答えましょう。

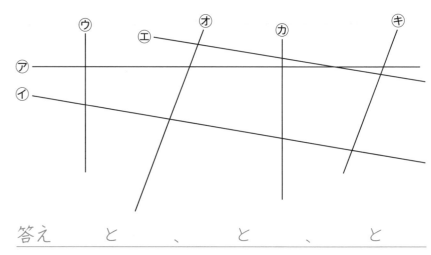

答え　　と　　　、　　と　　　、　　と

60

9 平行と垂直 ③

1 図の、⑦、⑦、⑦の3本の直線は平行です。
①〜⑤の角度を求めましょう。

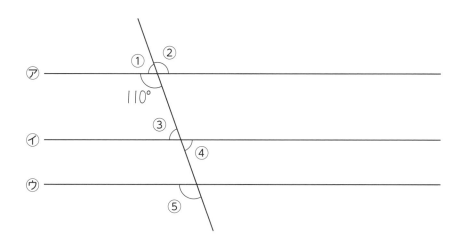

① 答え _____

② 答え _____

③ 答え _____

④ 答え _____

⑤ 答え _____

2 図の、⑦と⑦の直線は平行です。⑦と⑦の直線も平行です。

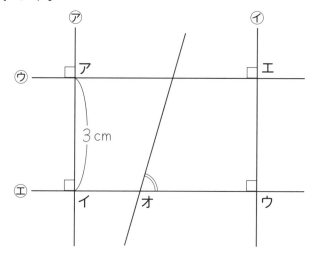

① ウエの長さは何cmですか。

答え _____

② アエの長さは5cmです。イウの長さは何cmですか。

答え _____

③ アイウエの形の名前をかきましょう。

答え _____

④ 点オを通るななめの直線をひきました。 と同じ角度のところに、同じしるしをしましょう。

61

直線⑦に垂直で、点Aを通る直線のひき方

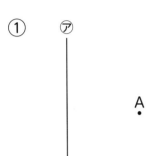
① ⑦
・A

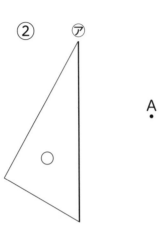
② ⑦
・A

直線⑦に三角じょうぎを
あわせる。

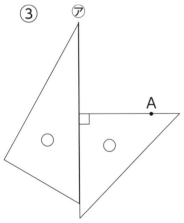
③ ⑦
A・

もう１つの三角じょうぎを
直角にして点Aにあわせ、
線をひく。

④ ⑦
━━━━━━ A・

1 点A、B、Cを通り、直線⑦に垂直な直線を
ひきましょう。

B・

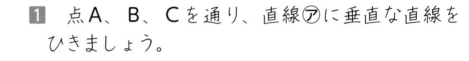
⑦ ━━━━━━━━━━━━━━━
A

・C

62

9 平行と垂直 ⑤

直線⑦に平行で、点Aを通る直線のひき方

①

⑦ ─────────────

A

②

⑦

A

直線⑦に三角じょうぎを
あわせ、もう１つの三角
じょうぎをおく。

③

⑦

A

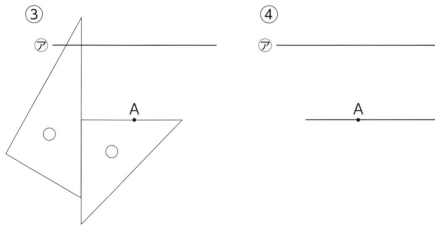

三角じょうぎを点Aに
あわせ、線をひく。

④

⑦ ─────────────

A

1 点A、Bを通り、直線⑦に平行な直線をひきましょう。

A

⑦ ────────────────────

B

63

向かいあった1組の辺が平行な
四角形を、**台形**といいます。

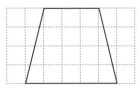

向かいあった2組の辺が平行な
四角形を **平行四辺形** といいます。

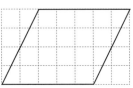

平行四辺形には、次のようなせいしつがあります。

・向かいあった辺の長さが
　等しい。

・向かいあった角の大きさ
　が等しい。

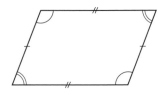

1　次の図形の中から、台形、平行四辺形を見つけ、
　記号でかきましょう。

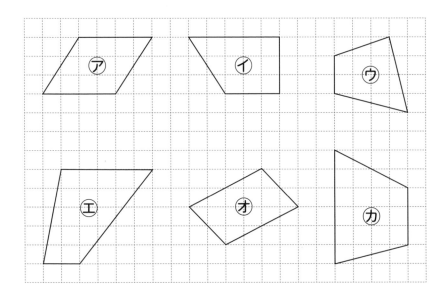

台形　　　　　　　　　　　, 平行四辺形

2　平行四辺形ABCDがあります。

①　辺CDの長さ、
　辺ADの長さは、
　それぞれ何cmで
　すか。

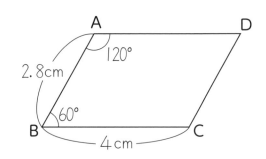

辺CD＝　　　　　　　　, 辺AD＝

②　角C、角Dの大きさは、それぞれ何度ですか。

角C＝　　　　　　　　　, 角D＝

1 方がんを利用して、平行四辺形をかきましょう。

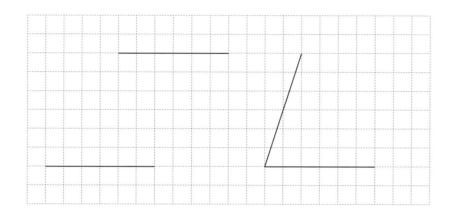

平行四辺形のちょう点A、B、Cから残りの点Dは

＜コンパス利用＞

コンパスでABの長さをとり、点Cを中心の円をかく。
コンパスでBCの長さをとり、点Aを中心の円をかく。
2つの円の交点がD。

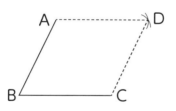

＜三角じょうぎ利用＞

点Aを通りBCに平行な直線をひく。点Cを通りABに平行な直線をひく。2直線の交点がD。

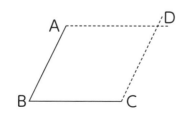

2 平行四辺形をかきましょう。

① （コンパス）

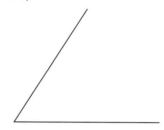

② （三角じょうぎ）

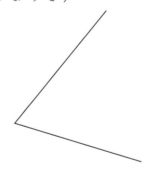

③ 2辺が3cm、5cmで、その間の角が60°の平行四辺形。

5cm

学習日	名
月　日	前

　4つの辺の長さがすべて等しい四角形を **ひし形** といいます。ひし形の向かいあった辺は平行で、向かいあった角の大きさは等しくなっています。

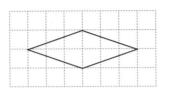

　四角形の向かいあうちょう点を結んだ直線を **対角線** といいます。

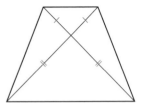

1　ひし形をかきましょう。

①

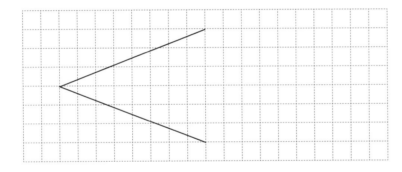

②

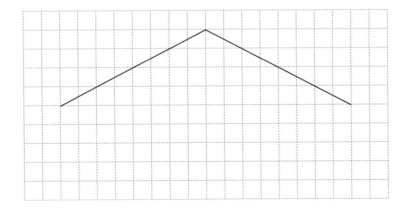

2　次の四角形の対角線をかきましょう。

①
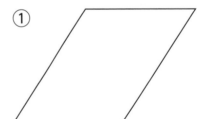

②

③

④
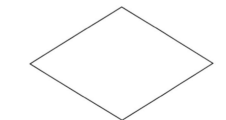

10 四角形 ④

学習日	名
月　日	前

色を
ぬろう
わから
ない　だいたい
できた　できた!

1 次の図は、いろいろな四角形の対角線です。
ちょう点にあたるところを結んで四角形をかき、その名前を答えましょう。

①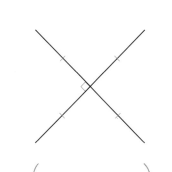

（　　　　　）

②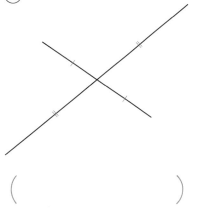

（　　　　　）

③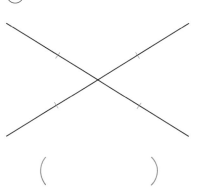

（　　　　　）

④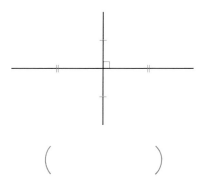

（　　　　　）

2 次のせいしつを持っている四角形を選び、記号で答えましょう。

⑦
正方形

⑦
四角形

⑦
長方形

⑨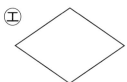
ひし形

⑩
台形

⑪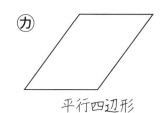
平行四辺形

① 4つの角の大きさが等しいです。

答え _____

② 平行な辺が2組あります。

答え _____

③ 向かいあった辺の長さが等しいです。

答え _____

④ 対角線の長さが等しいです。

答え _____

$\dfrac{1}{2}$ や $\dfrac{1}{3}$、$\dfrac{2}{3}$ のように1より小さい分数を
真分数（しんぶんすう）といいます。$\dfrac{2}{2}$（＝1）、$\dfrac{3}{3}$（＝1）や
$\dfrac{4}{3}$、$\dfrac{5}{3}$ のように1に等しいか、1より大きい分数を **仮分数**（かぶんすう）といいます。

1　数直線の上に分数をならべました。真分数と仮分数をかき出しましょう。

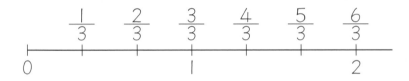

真分数　　　　　　　　, 仮分数
―――――――――――――――――――――

$\dfrac{4}{3}$ は、$\dfrac{1}{3}$ が4こ集まった数で、整数1と $\dfrac{1}{3}$ をあわせた分数で、$1\dfrac{1}{3}$ とかいて「1と3分の1」と読みます。このような分数を **帯分数**（たいぶんすう）といいます。

2　次の仮分数を帯分数に直しましょう。

① $\dfrac{5}{3} = 1\dfrac{2}{3}$

（3⟌5　3　2）

② $\dfrac{7}{6} =$

③ $\dfrac{10}{7} =$

④ $\dfrac{13}{10} =$

⑤ $\dfrac{9}{8} =$

⑥ $\dfrac{7}{5} =$

3　次の帯分数を仮分数に直しましょう。

① $1\dfrac{3}{4} =$

（$1 = \dfrac{4}{4}$　$\dfrac{4+3}{4}$）

② $1\dfrac{2}{5} =$

③ $1\dfrac{1}{8} =$

④ $2\dfrac{1}{2} =$

⑤ $2\dfrac{1}{3} =$

⑥ $2\dfrac{1}{5} =$

11 分数のたし算・ひき算 ②

学習日	名
月　日	前

色を
ぬろう

わからない　だいたいできた　できた!

---

1 大きい方に○をつけましょう。

① $\dfrac{1}{3}$ と $\dfrac{2}{3}$　　② $\dfrac{5}{7}$ と $\dfrac{4}{7}$

（　　）（　　）　　　　（　　）（　　）

③ $\dfrac{3}{4}$ と 1　　④ 1 と $\dfrac{6}{5}$

（　　）（　　）　　　　（　　）（　　）

⑤ $\dfrac{9}{8}$ と $1\dfrac{2}{8}$　　⑥ $1\dfrac{1}{10}$ と $\dfrac{12}{10}$

（　　）（　　）　　　　（　　）（　　）

2 次の分数を大きい順にならべましょう。

① $\dfrac{3}{7}$, $\dfrac{5}{7}$, $\dfrac{1}{7}$, $1\dfrac{2}{7}$

答え _____

② $\dfrac{8}{5}$, $\dfrac{2}{5}$, $\dfrac{6}{5}$, $1\dfrac{4}{5}$

答え _____

3 分母が10の分数を数直線に表して、小数とくらべました。

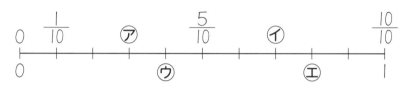

① ⑦、⑦を分数でかきましょう。

⑦ _____ , ⑦ _____

② ⑦、⑦を小数でかきましょう。

⑦ _____ , ⑦ _____

4 分母が10の分数で表しましょう。

① 0.1 = ☐　　② 0.3 = ☐

③ 0.7 = ☐　　④ 0.9 = ☐

⑤ 1.1 = ☐　　⑥ 1.7 = ☐

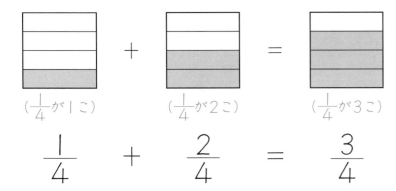

$(\dfrac{1}{4}$ が 1 こ$)$　　$(\dfrac{1}{4}$ が 2 こ$)$　　$(\dfrac{1}{4}$ が 3 こ$)$

$$\dfrac{1}{4} + \dfrac{2}{4} = \dfrac{3}{4}$$

この計算は、$\dfrac{1}{4}$ をもとにすると 1＋2 と見ることができます。分子だけのたし算です。

1　次の計算をしましょう。

① $\dfrac{1}{3} + \dfrac{1}{3} = \boxed{}$

② $\dfrac{1}{5} + \dfrac{2}{5} = \boxed{}$

③ $\dfrac{1}{4} + \dfrac{1}{4} = \boxed{}$

④ $\dfrac{1}{7} + \dfrac{3}{7} = \boxed{}$

$$\dfrac{2}{5} + \dfrac{3}{5} = \dfrac{5}{5} = 1$$

2　次の計算をしましょう。

① $\dfrac{1}{3} + \dfrac{2}{3} = \boxed{} = \boxed{}$

② $\dfrac{3}{4} + \dfrac{1}{4} = \boxed{} = \boxed{}$

③ $\dfrac{3}{7} + \dfrac{4}{7} = \boxed{} = \boxed{}$

$$\dfrac{5}{6} + \dfrac{2}{6} = \dfrac{7}{6} = \dfrac{6+1}{6} = 1\dfrac{1}{6}$$

3　次の計算をしましょう。仮分数は帯分数にしましょう。

① $\dfrac{3}{5} + \dfrac{3}{5} = \boxed{} = \boxed{}$

② $\dfrac{2}{3} + \dfrac{2}{3} = \boxed{} = \boxed{}$

③ $\dfrac{3}{4} + \dfrac{2}{4} = \boxed{} = \boxed{}$

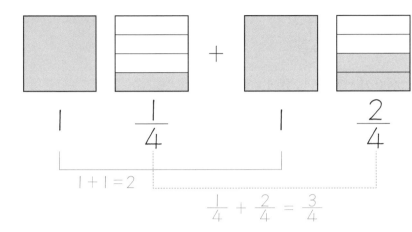

$$1\frac{1}{4} + 1\frac{2}{4} = 2\frac{3}{4}$$

整数どうし、分数どうしをたし算します。

1 次の計算をしましょう。

① $1\frac{1}{3} + 1\frac{1}{3} = \boxed{}$

② $1\frac{2}{5} + 2\frac{1}{5} = \boxed{}$

$$1\frac{2}{5} + 2\frac{4}{5} = 3\frac{6}{5} \quad \left(\frac{6}{5} = 1\frac{1}{5}\,だね\right)$$
$$= 4\frac{1}{5}$$

2 次の計算をしましょう。

① $1\frac{3}{4} + 2\frac{2}{4} = \boxed{}$

$= \boxed{}$

② $1\frac{2}{3} + 1\frac{2}{3} = \boxed{}$

$= \boxed{}$

③ $1\frac{4}{6} + 1\frac{2}{6} = \boxed{}$

$= \boxed{}$

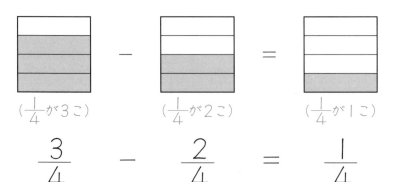

$$\frac{3}{4} \quad - \quad \frac{2}{4} \quad = \quad \frac{1}{4}$$

この計算は、$\frac{1}{4}$ をもとにすると $3-2$ と見ることができます。分子だけのひき算です。

1 次の計算をしましょう。

① $\frac{2}{3} - \frac{1}{3} = \boxed{}$

② $\frac{4}{5} - \frac{2}{5} = \boxed{}$

③ $\frac{7}{8} - \frac{1}{8} = \boxed{}$

④ $\frac{5}{6} - \frac{3}{6} = \boxed{}$

$$\frac{6}{5} - \frac{1}{5} = \frac{5}{5} = 1$$

2 次の計算をしましょう。

① $\frac{12}{7} - \frac{5}{7} = \boxed{} = \boxed{}$

② $\frac{8}{5} - \frac{3}{5} = \boxed{} = \boxed{}$

③ $\frac{5}{4} - \frac{1}{4} = \boxed{} = \boxed{}$

$$1 - \frac{1}{6} = \frac{6}{6} - \frac{1}{6} = \frac{5}{6}$$

3 次の計算をしましょう。

① $1 - \frac{1}{2} = \boxed{} = \boxed{}$

② $1 - \frac{1}{3} = \boxed{} = \boxed{}$

③ $1 - \frac{3}{4} = \boxed{} = \boxed{}$

11 分数のたし算・ひき算 ⑥

学 習 日	名
月　　日	前

色を
ぬろう
わから　だいたい　できた！
ない　　できた

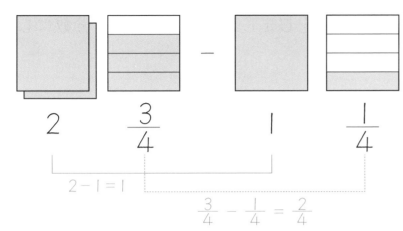

$2 \frac{3}{4} - 1 \frac{1}{4} = 1 \frac{2}{4}$

整数どうし、分数どうしをひき算します。

1 次の計算をしましょう。

① $2 \frac{3}{5} - 1 \frac{1}{5} = \boxed{}$

② $3 \frac{5}{6} - 1 \frac{1}{6} = \boxed{}$

$$2 \frac{1}{3} - 1 \frac{2}{3} = 1 \frac{4}{3} - 1 \frac{2}{3}$$
$$= \frac{2}{3}$$

$2 \frac{1}{3}$ を $1 \frac{4}{3}$ へ

2 次の計算をしましょう。

① $2 \frac{1}{4} - 1 \frac{3}{4} = \boxed{}$

$= \boxed{}$

② $3 \frac{1}{5} - 1 \frac{4}{5} = \boxed{}$

$= \boxed{}$

③ $1 \frac{1}{6} - \frac{5}{6} = \boxed{}$

$= \boxed{}$

73

1 仮分数は帯分数に、帯分数は仮分数に直しましょう。 （1つ5点）

① $\dfrac{7}{3} =$　　② $\dfrac{8}{5} =$

③ $1\dfrac{1}{4} =$　　④ $2\dfrac{1}{6} =$

2 大きい方に〇をつけましょう。 （1つ5点）

① $\dfrac{1}{4}$ と $\dfrac{2}{4}$　　② $\dfrac{6}{5}$ と $\dfrac{4}{5}$
　（　　）（　　）　　（　　）（　　）

③ 1 と $\dfrac{5}{6}$　　④ $1\dfrac{1}{7}$ と $\dfrac{9}{7}$
　（　　）（　　）　　（　　）（　　）

3 分母が10の分数で表しましょう。 （1つ10点）

① $0.3 =$ ☐　　② $1.3 =$ ☐

4 次の計算をしましょう。仮分数は帯分数にしましょう。 （1つ5点）

① $\dfrac{2}{5} + \dfrac{1}{5} =$

② $\dfrac{1}{3} + \dfrac{1}{3} =$

③ $1\dfrac{3}{4} + 1\dfrac{1}{4} =$

④ $1\dfrac{4}{5} + 1\dfrac{3}{5} =$

⑤ $\dfrac{2}{3} - \dfrac{1}{3} =$

⑥ $\dfrac{3}{5} - \dfrac{2}{5} =$

⑦ $2\dfrac{4}{5} - 1\dfrac{2}{5} =$

⑧ $3\dfrac{2}{5} - 1\dfrac{4}{5} =$

学習日　月　日
名前

変わり方を調べるとき、表を使うと関係がはっきりすることがあります。

1 |辺が|cmの正三角形を、図のようにならべます。

 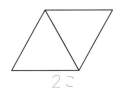 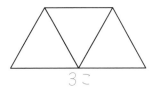

1cm　1こ　2こ　3こ

① 正三角形の数と、まわりの長さの関係を表にまとめましょう。

正三角形の数（こ）	1	2	3	4	5
まわりの長さ（cm）	3	4			

② 正三角形の数を○、まわりの長さを□とすると、どんな式が成り立ちますか。

式　□＝○＋＿＿＿＿＿

③ 正三角形が10このとき、まわりの長さを求めましょう。

式　＿＿＿＿＿＿＿＿＿＿

答え＿＿＿＿

2 |辺が|cmの正方形を、図のようにならべます。

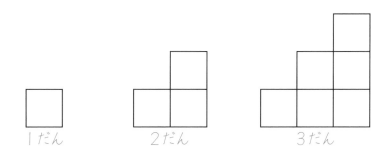

1だん　2だん　3だん

① だんの数と、まわりの長さの関係を表にまとめましょう。

だんの数（だん）	1	2	3	4	5
まわりの長さ（cm）	4	8			

② だんの数を○、まわりの長さを□とすると、どんな式が成り立ちますか。

式　□＝○×＿＿＿＿＿

③ だんの数が7のとき、まわりの長さを求めましょう。

式　＿＿＿＿＿＿＿＿＿＿

答え＿＿＿＿

1 マッチぼうを使って、図のように三角形を横に
つなげます。

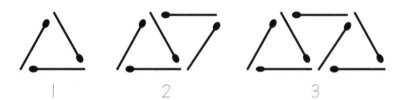

① 三角形の数とマッチぼうの数の関係を表にまとめましょう。

三角形の数（こ）	1	2	3	4	5
マッチぼうの数（本）	3	5			

② 三角形の数を○、マッチぼうの数を□とすると、どんな式が成り立ちますか。

式　□＝2×○＋

③ 三角形の数が8のとき、マッチぼうの数を求めましょう。

式　＿＿＿＿＿＿＿＿＿＿＿＿＿＿＿

答え＿＿＿＿＿＿＿＿＿

2 横の長さが2cmで、たての長さが変わる長方形があります。

長方形のたての長さに対する長方形の面積を調べます。

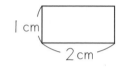

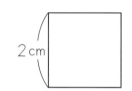

① 長方形のたての長さと、長方形の面積の関係を表にまとめましょう。

たての長さ（cm）	1	2	3	4	5
面積（cm²）	2	4			

② 長方形のたての長さを○、面積を□とすると、どんな式が成り立ちますか。

式　□＝○×＿＿＿＿＿＿＿＿＿

③ 長方形のたての長さが9cmのとき、面積を求めましょう。

式　＿＿＿＿＿＿＿＿＿＿＿＿＿＿＿

答え＿＿＿＿＿＿＿＿＿

13 面 積 ①

学習日　月　日　名前

色をぬろう　わからない　だいたいできた　できた!

　２まいのシートの広さをくらべます。

　右のようにシートを重ねると、大きい方が広くなります。

　シートは重ねることができますが、校庭などは重ねることができません。

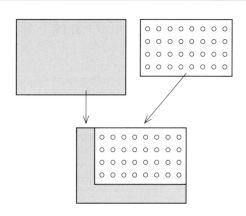

　そこで、長さと同じように広さのきまりをつくります。広さのことを **面積** といいます。

　１辺が１cmの正方形の面積を **1cm²** とかいて **1平方センチメートル** と読みます。

1　1cm²の練習をしましょう。

1cm² 1cm²

2　次の面積は、何cm²ですか。

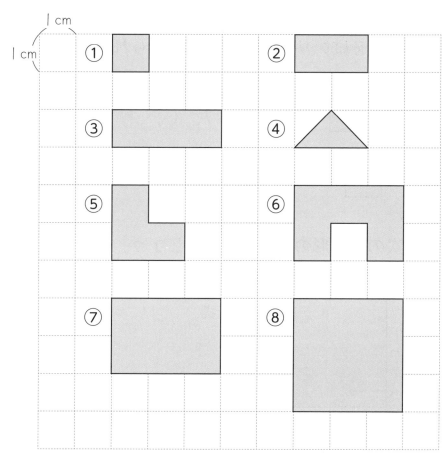

①	②
③	④
⑤	⑥
⑦	⑧

77

　1cm²の正方形の数が何こあるかで、面積を求めることができます。長方形や正方形の面積は、たてと横の長さをはかり、次の公式で求められます。

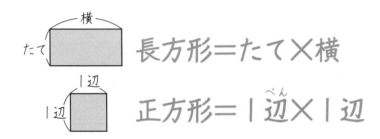

長方形＝たて×横

正方形＝1辺×1辺

1　次の長方形の面積を求めましょう。

①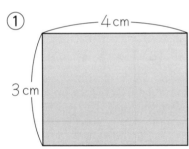

式 ＿＿＿＿＿＿＿＿＿＿＿

答え ＿＿＿＿＿＿＿＿＿

②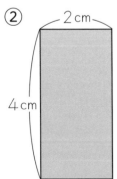

式 ＿＿＿＿＿＿＿＿＿＿＿

答え ＿＿＿＿＿＿＿＿＿

2　次の正方形の面積を求めましょう。

①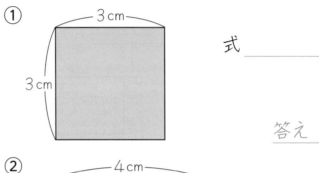

式 ＿＿＿＿＿＿＿＿＿＿＿

答え ＿＿＿＿＿＿＿＿＿

②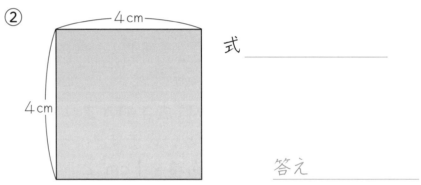

式 ＿＿＿＿＿＿＿＿＿＿＿

答え ＿＿＿＿＿＿＿＿＿

3　次の図形の面積を求めましょう。

①　たてが15cm、横が20cmの長方形

式 ＿＿＿＿＿＿＿＿＿＿＿

答え ＿＿＿＿＿＿＿＿＿

②　1辺の長さが20cmの正方形

式 ＿＿＿＿＿＿＿＿＿＿＿

答え ＿＿＿＿＿＿＿＿＿

1　次の図形の長さをはかり、面積(めんせき)を求(もと)めましょう。

①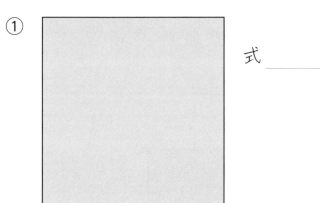

式 _____

答え _____

②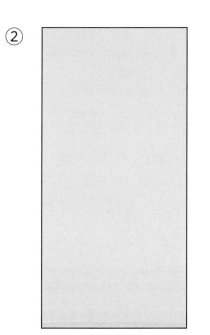

式 _____

答え _____

2　次の長方形のたてや横の長さを求めましょう。

①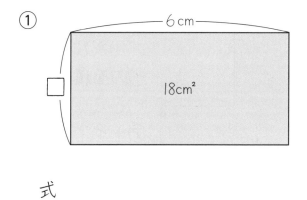

6cm

18cm²

式 _____

答え _____

②

□

7cm　35cm²

式 _____

答え _____

面 積 ④

学 習 日	名
月　　日	前

色を
ぬろう　わから　だいたい　できた！
ない　できた

1 次の図形の面積を求めましょう。

①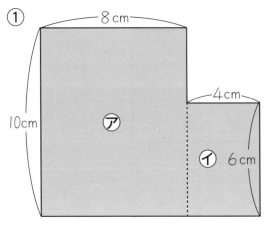

⑦の面積
$$10 \times 8 =$$
⑦の面積
$$6 \times 4 =$$
⑦＋⑦

答え _____

②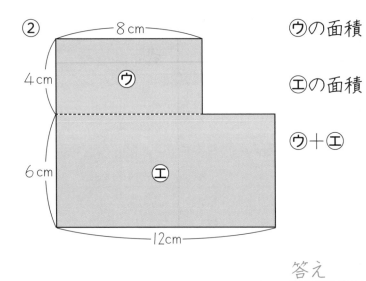

⑦の面積

⑦の面積

⑦＋⑦

答え _____

2 次の図形の面積を求めましょう。

①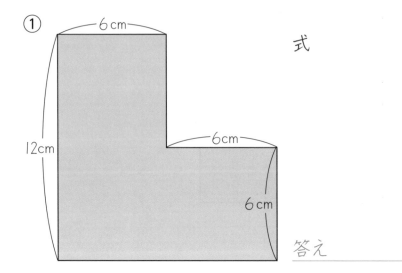

式

答え _____

②

式

答え _____

13 面 積 ⑤

学習日	名
月　日	前

色を
ぬろう

わからない　だいたいできた　できた！

1 図形の面積を求めましょう。

①

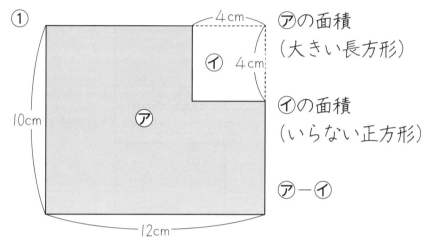

⑦の面積
（大きい長方形）

④の面積
（いらない正方形）

⑦－④

答え _____

②

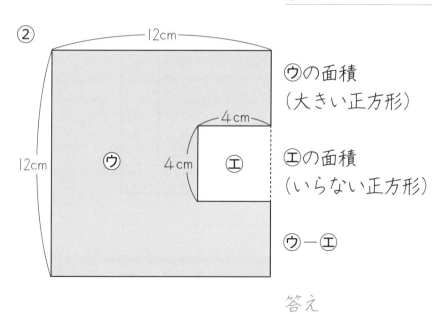

⑨の面積
（大きい正方形）

㋓の面積
（いらない正方形）

⑨－㋓

答え _____

2 図形の面積を求めましょう。

①

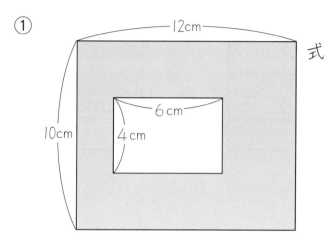

式

答え _____

②

式

答え _____

13 面 積 ⑥

学習日	名
月　日	前

1 次の図形の ▢ 部分の面積を求めましょう。

①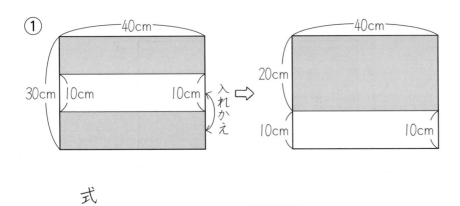

式 _____

答え _____

②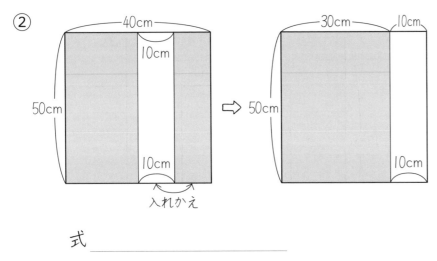

式 _____

答え _____

2 次の図形の ▢ 部分の面積を求めましょう。

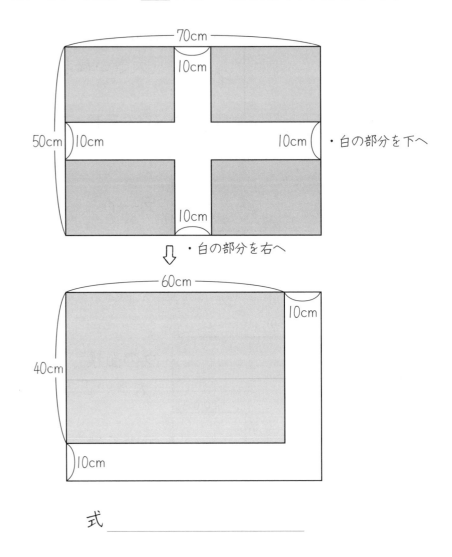

・白の部分を下へ

・白の部分を右へ

式 _____

答え _____

13 面　積 ⑦

学 習 日	名
月　　日	前

色を
ぬろう

😰 わからない　　🙂 だいたいできた　　😄 できた！

1 次の図形の ▢ 部分の面積を求めましょう。

①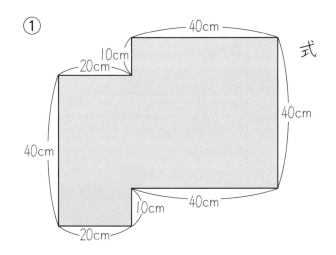

式

答え _____

②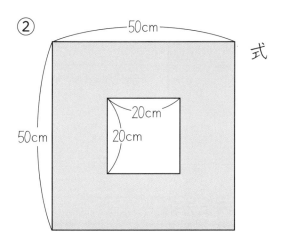

式

答え _____

2 次の図形の ▢ 部分の面積を求めましょう。

①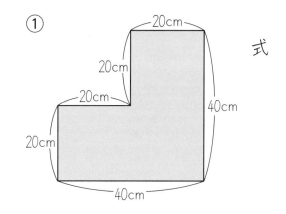

式

答え _____

②

式

答え _____

83

学習日	名 前
月　日	

色を
ぬろう

| わから ない | だいたい できた | できた! |

１辺の長さが１mの正方形の面積を１m²とかいて、**１平方メートル** と読みます。

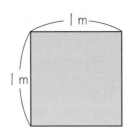

1 １m²の練習をしましょう。

１m²　１m²

2 次の長方形の面積を求めましょう。

①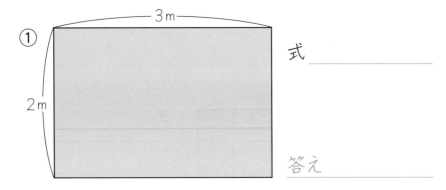

式 ＿＿＿＿＿＿＿＿＿＿

答え ＿＿＿＿＿＿＿＿＿＿

② たての長さが5m、横の長さが7mの長方形

式 ＿＿＿＿＿＿＿＿＿＿

答え ＿＿＿＿＿＿＿＿＿＿

3 次の正方形の面積を求めましょう。

①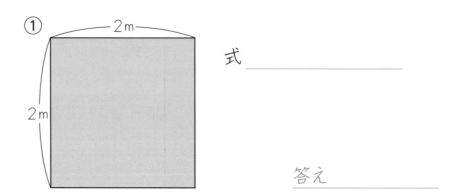

式 ＿＿＿＿＿＿＿＿＿＿

答え ＿＿＿＿＿＿＿＿＿＿

②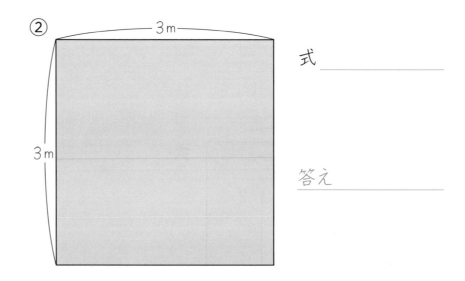

式 ＿＿＿＿＿＿＿＿＿＿

答え ＿＿＿＿＿＿＿＿＿＿

③ １辺の長さが10mの正方形

式 ＿＿＿＿＿＿＿＿＿＿

答え ＿＿＿＿＿＿＿＿＿＿

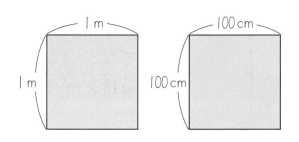

1 m	100 cm

1 m＝100 cm
です。1 m²の面
積を cm² で表す
と

$$100 \times 100 = 10000 \ (cm^2)$$
$$1 \ m^2 = 1\underbrace{0000}_{0が4つ} \ cm^2$$

1 次の図形の面積は何 cm² ですか。また、それは何 m² ですか。

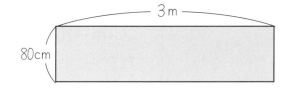

3 m＝300 cm
なので、

式 _____

また、10000 cm² ＝ 1 m² なので

答え _____ cm² _____ m²

2 次の図形の面積は何 cm² ですか。また、それは何 m² ですか。

①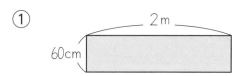

式 _____

答え _____ cm² _____ m²

②

4m
150cm

式 _____

答え _____ cm² _____ m²

13 面積 ⑩

学習日　月　日　名前　色をぬろう　わからない／だいたいできた／できた！

　1辺の長さが1kmの正方形の面積を1km²とかいて、**1平方キロメートル** と読みます。

　都市や市町村などの広い面積を表すときに使います。

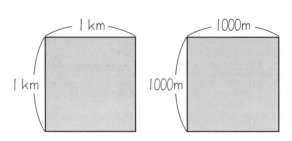

　1km＝1000mです。1km²の面積をm²で表すと

$$1000 \times 1000 = 1000000 \ (m^2)$$

$$1\,km^2 = 1\underbrace{000000}_{0が6つ}\,m^2$$

1 1km²の練習をしましょう。

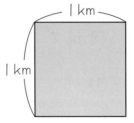 1km²　1km²

2 次の長方形の面積を求めましょう。

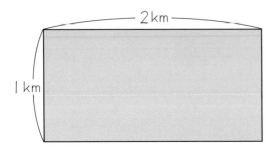

式 _____

答え _____

3 次の土地の面積は何m²ですか。また、それは何km²ですか。

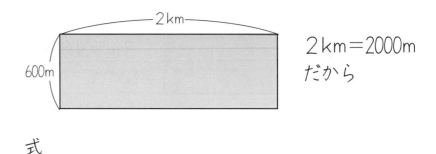

2km＝2000m
だから

式 _____

また、1000000m²＝1km² なので

答え _____ m²　_____ km²

86

学習日　月　日　名前

面積の単位には、cm²、m²、km²のほかに

1a（アール）、1ha（ヘクタール）

などもあります。1m²より広く、1km²よりせまい
畑などの面積を表すときに使います。

1a（アール）　1辺10mの正方形

1辺10mの正方形の面積は
10×10＝100（m²）より

$$1a＝100m²$$

1ha（ヘクタール）
1辺100mの正方形

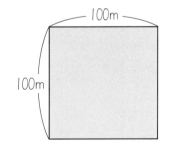

1辺100mの正方形の面積は
100×100＝10000（m²）より

$$1ha＝10000m²$$

---

1 たてが20m、横が40mの畑があります。畑の面積は何aですか。また何m²ですか。

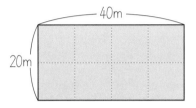

1辺が10mの正方形
に区切ると左のように
なります。

式 _____

また、1a＝100m²なので

答え　　　　　a　　　　　m²

2 たてが300m、横が500mの畑があります。
畑の面積は何haですか。また何m²ですか。

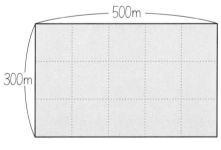

1辺が100mの正
方形に区切って考え
ましょう。

式 _____

答え　　　　　ha　　　　　m²

 **13** 面 積 ⑫ まとめ

1 次の図形の面積を求めましょう。 （式・答え各5点）

① たてが3cm、横が5cmの長方形の面積

式 ＿＿＿＿＿＿＿＿＿＿＿＿＿＿＿

　　　　答え ＿＿＿＿＿＿＿＿＿＿＿

② 1辺の長さが8cmの正方形の面積

式 ＿＿＿＿＿＿＿＿＿＿＿＿＿＿＿

　　　　答え ＿＿＿＿＿＿＿＿＿＿＿

③ たてが6m、横が3mの長方形の面積

式 ＿＿＿＿＿＿＿＿＿＿＿＿＿＿＿

　　　　答え ＿＿＿＿＿＿＿＿＿＿＿

④ 1辺の長さが7mの正方形の面積

式 ＿＿＿＿＿＿＿＿＿＿＿＿＿＿＿

　　　　答え ＿＿＿＿＿＿＿＿＿＿＿

⑤ たてが4km、横が8kmの長方形の面積

式 ＿＿＿＿＿＿＿＿＿＿＿＿＿＿＿

　　　　答え ＿＿＿＿＿＿＿＿＿＿＿

2 たて70cm、横2mの長方形の面積は何cm²ですか。また、それは何m²ですか。 （式・答え各10点）

式 ＿＿＿＿＿＿＿＿＿＿＿＿＿＿＿

　　答え ＿＿＿＿＿＿ cm²　＿＿＿＿＿ m²

3 次の面積を求めましょう。 （式・答え各5点）

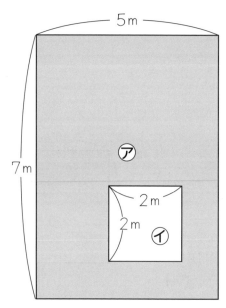

① ⑦の長方形の面積

式 ＿＿＿＿＿＿＿＿＿＿＿

　　答え ＿＿＿＿＿＿＿＿＿＿

② ⑦の正方形の面積

式 ＿＿＿＿＿＿＿＿＿＿＿

　　答え ＿＿＿＿＿＿＿＿＿＿

③ ▨部分の面積

式 ＿＿＿＿＿＿＿＿＿＿＿

　　答え ＿＿＿＿＿＿＿＿＿＿

学習日　月　日
名前
色をぬろう　わからない　だいたいできた　できた！

1.2×3 の筆算を考えます。
1.2 は 0.1 が12こ分です。
0.1 で考えれば、12×3で
36こで、答えは 3.6 です。

```
  1.2   小数点以下1つ
×   3
  3.6   小数点を1つ
        左へおくり打つ
```

① 右にそろえて数をかく。
② ふつうにかけ算をする。
③ 小数点を打つ。

1 次の計算をしましょう。

```
①  6.8      ②  7.9      ③  6.7
×    8      ×    7      ×    6
```

```
④  4.9      ⑤  6.8      ⑥  2.8
×    7      ×    9      ×    4
```

2 次の計算をしましょう。

```
①  3.6      ②  7.6      ③  3.5
×    9      ×    4      ×    3
```

```
④  3.9      ⑤  5.8      ⑥  2.6
×    6      ×    9      ×    4
```

```
⑦  1.5      ⑧  4.5      ⑨  8.5
×    8      ×    4      ×    6
```

```
⑩  4.8      ⑪  3.5      ⑫  7.2
×    5      ×    4      ×    5
```

14 小数のかけ算・わり算 ②

色を
ぬろう

わから　だいたい　できた！
ない　　できた

1 次の計算をしましょう。

①
```
  2 3.4
×     3
```

②
```
  3 1.4
×     7
```

③
```
  4 2.8
×     6
```

④
```
  5 2.3
×     9
```

⑤
```
  3 2.4
×     5
```

⑥
```
  2 7.6
×     5
```

⑦
```
  4 2.5
×     8
```

⑧
```
  5 1.5
×     6
```

2 次の計算をしましょう。

①
```
  2.7 3
×     6
```

②
```
  3.7 6
×     3
```

③
```
  4.1 3
×     4
```

④
```
  5.3 9
×     8
```

⑤
```
  5.3 6
×     5
```

⑥
```
  2.4 5
×     8
```

⑦
```
  6.2 5
×     4
```

⑧
```
  7.2 5
×     8
```

学習日　月　日
名前

1 次の計算をしましょう。

①
```
   2.7
×  3 4
```

②
```
   1.8
×  3 9
```

③
```
   3.4
×  2 9
```

④
```
   2.4
×  2 4
```

⑤
```
   5.7
×  1 6
```

⑥
```
   2.3
×  2 8
```

2 次の計算をしましょう。

①
```
   2.7
×  2 9
```

②
```
   3.7
×  2 4
```

③
```
   4.7
×  1 7
```

④
```
   3.5
×  2 8
```

⑤
```
   2.6
×  2 5
```

⑥
```
   1.5
×  6 4
```

14 小数のかけ算・わり算 ④

色を
ぬろう
わから　だいたい　できた！
ない　できた

1 次の計算をしましょう。

①
```
    2.3
×   8 7
```

②
```
    6.3
×   6 3
```

③
```
    8.7
×   9 2
```

④
```
    6.5
×   3 9
```

2 次の計算をしましょう。

①
```
    8.9
×   2 3
```

②
```
    2.7
×   7 6
```

③
```
    4.8
×   7 5
```

④
```
    3.5
×   5 6
```

学習日 | 名前
月　日

1 次の計算をしましょう。

①
```
    5.31
×    73
```

②
```
    7.24
×    86
```

③
```
    6.48
×    64
```

④
```
    9.56
×    53
```

2 次の計算をしましょう。

①
```
    2.08
×    67
```

②
```
    6.07
×    58
```

③
```
    7.14
×    35
```

④
```
    5.25
×    78
```

学 習 日　　名　前
月　　日

色を
ぬろう
わから　だいたい　できた!
ない　　できた

長さ3.9mのリ
ボンを3人で等
しく分けるとき、
1人分の長さを
考えます。

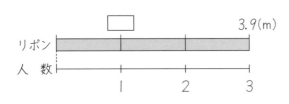
3.9(m)
リボン
人数
1　　2　　3

3.9÷3 を筆算の形にかきます。
3.9の3の上に商1をたてて、
かけて（3×1＝3）、
ひきます（3−3＝0）。

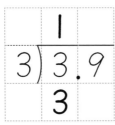

次にわられる数の小数点を、商
のところに打ちます。
わられる数の9をおろします。
0.9は0.1が9こ分なので、商3
をたてて、かけて、ひきます。
商は1.3になります。

じっさいに筆算でするときは、
① 商のところに小数点を打つ。
② ふつうのわり算をする。

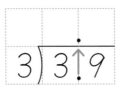

---

1 次の計算をしましょう。

①
4)4.8

②
3)9.6

③
2)6.4

④
3)7.5

⑤
6)8.4

⑥
2)5.6

94

1 次の計算をしましょう。

① 8〕54.4

② 7〕55.3

③ 6〕40.2

④ 9〕61.2

2 次の計算をしましょう。

① 4〕11.2

② 3〕10.5

③ 2〕15.2

④ 5〕37.5

学　習　日	名
月　　日	前

1 次の計算をしましょう。

① 4)93.6

② 3)76.2

③ 2)97.2

④ 5)67.5

2 次の計算をしましょう。

① 6)97.8

② 7)93.8

③ 5)86.5

④ 2)53.4

学習日	名
月　日	前

7.3÷3 の計算をします。

商は $\frac{1}{10}$ の位まで求めて、あまりを出します。

あまりは、わられる数の小数点を下におろして、0.1になります。

```
    2.4
3)7.3
  6
  1 3
  1 2
    0.1
```

2 商は、一の位まで求め、あまりを出しましょう。

① 3)47.6

② 4)74.2

1 商は、$\frac{1}{10}$ の位まで求め、あまりを出しましょう。

① 4)9.5

② 6)8.8

③ 3)8.3

3 商は、$\frac{1}{10}$ の位まで求め、あまりを出しましょう。

① 7)43.5

② 9)52.6

学習日		名
月	日	前

1 わり切れるまで計算をしましょう。

① 2)1 1

② 6)1 5

③ 4)1 3

④ 8)1 8

わり算の商を求めるとき、商を四捨五入して $\frac{1}{10}$ の位までのがい数で表すときがあります。このとき商は、$\frac{1}{100}$ の位まで求めます。求めた商が、たとえば

　　23.45　なら四捨五入して　23.4⁵　で、
　　23.44　なら四捨五入して　23.44　です。

四捨五入する数が

　　0、1、2、3、4　……　切りすて
　　5、6、7、8、9　……　切り上げ

です。

2　次の数を四捨五入して、$\frac{1}{10}$ の位までのがい数を求めましょう。

① 36.32

答え _____

② 47.56

答え _____

③ 51.28

答え _____

14 小数のかけ算・わり算 ⑪

学習日　月　日
名前

色を
ぬろう

わからない　だいたいできた　できた!

1　商は、四捨五入して $\frac{1}{10}$ の位までのがい数で求めましょう。

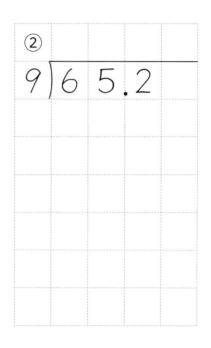

① 7) 6 8 . 4

② 9) 6 5 . 2

商　　　　　を
四捨五入して
答え

商　　　　　を
四捨五入して
答え

2　赤のテープ2m、青のテープ6m、黄色のテープ5mの3本のテープがあります。

①　青のテープは、赤のテープの何倍ですか。

式

答え

②　黄色のテープは、赤のテープの何倍ですか。

式

答え

③　赤のテープは、黄色のテープの何倍ですか。

式

答え

④　青のテープは、黄色のテープの何倍ですか。

式

答え

学習日	名
月　日	前

1 次の計算をしましょう。　　　　（1つ8点）

① 6.9 × 9

② 5.9 × 7

③ 4.5 × 8

④ 2.3 × 34

⑤ 1.6 × 32

⑥ 5.6 × 13

⑦ 6.4 × 63

⑧ 8.9 × 24

2 次の計算をしましょう。　　　　（1つ8点）

① 8)55.2

② 4)15.2

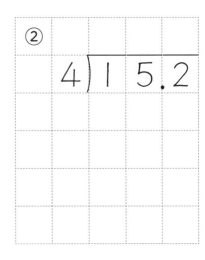

3 4mの重さが10.4kgのパイプがあります。
このパイプ1mの重さは何kgですか。

（式・答え各10点）

式＿＿＿＿＿＿＿＿＿＿＿

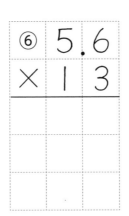

答え＿＿＿＿＿＿＿＿＿

学習日	名
月　日	前

箱の形の外側（そとがわ）で、平らな部分を **面** といいます。面と面のさかいの線を **辺（へん）** といい、辺と辺が重なる角を **ちょう点** といいます。

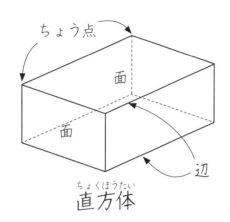

ちょう点
面
面
辺
直方体（ちょくほうたい）

　面の形が長方形だけか、長方形と正方形でかこまれている形を **直方体** といいます。

　面の形が、正方形だけでかこまれている形を **立方体** といいます。
　直方体や立方体の面は、**平面** ともいいます。

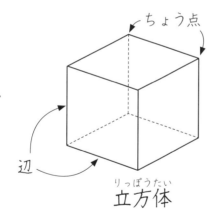

ちょう点
辺
立方体（りっぽうたい）

　直方体や立方体を表した上のような図を **見取図** といいます。見取図では、うら側の見えない部分の辺やちょう点は点線（-------）でかきます。

1 次の見取図を完成（かんせい）させましょう。

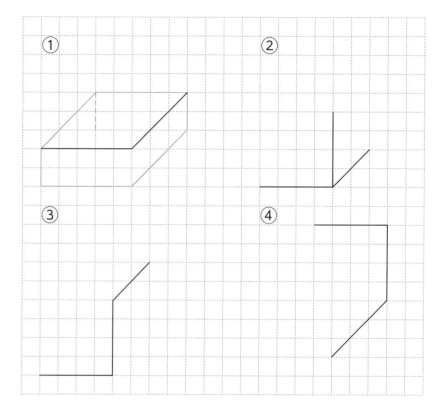

① ② ③ ④

2 表を完成させましょう。

	直方体	立方体
面の数		
辺の数		
ちょう点の数		

15 直方体・立方体 ②

立体を辺にそって切り開いて、平面の上に広げた図を **展開図** といいます。

1 次の直方体の展開図をかきましょう。

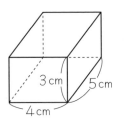

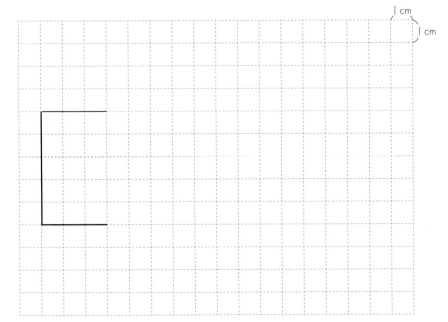

2 1辺の長さが3cmの立方体の展開図をかきましょう。

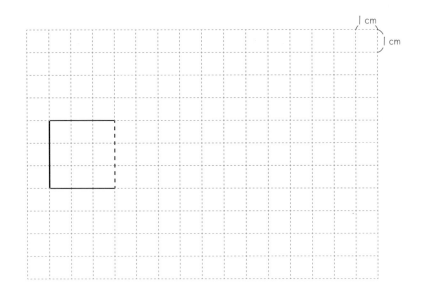

右は立方体の展開図です。

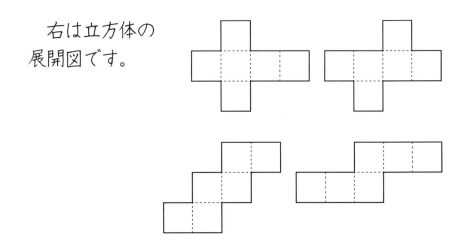

1　直方体や立方体の向かいあった2つの面は平行です。
　面アイウエに平行な面はどれですか。

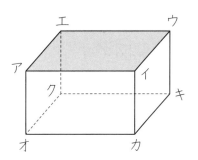

＿＿＿＿＿＿＿＿＿＿

2　直方体や立方体のとなりあった2つの面は垂直です。
　面オカキクと垂直な面はどれですか。
　すべて答えましょう。

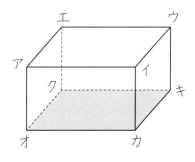

＿＿＿＿＿＿＿＿＿＿

＿＿＿＿＿＿＿＿＿＿

※　面オカキクに垂直な辺は、辺アオ、辺イカ、辺ウキ、辺エクの4つあります。

3　直方体の面イカキウに垂直な辺はどれですか。
　すべて答えましょう。

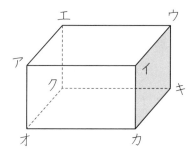

＿＿＿＿＿＿＿＿＿＿

＿＿＿＿＿＿＿＿＿＿

4　直方体があります。

①　辺アオに垂直な辺はどれですか。

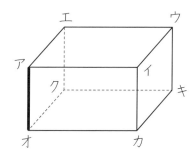

＿＿＿＿＿＿＿＿＿＿

＿＿＿＿＿＿＿＿＿＿

②　辺アオに平行な辺はどれですか。

＿＿＿＿＿＿＿＿＿＿

学習日　月　日
名前
色をぬろう　わからない　だいたいできた　できた！

1 　右の図は、直方体の展開図（てんかいず）です。

　この展開図を組み立てた立体を思いうかべて答えましょう。

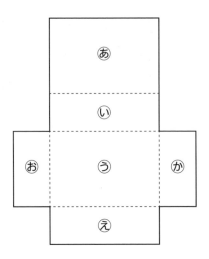

① 　面あと平行な面は、どれですか。

答え _____

② 　面いと平行な面は、どれですか。

答え _____

③ 　面うと垂直（すいちょく）な面は、4つあります。どれですか。

答え _____、_____、_____、_____

2 　右の図は、立方体の展開図です。

　この展開図を組み立てた立体を思いうかべて答えましょう。

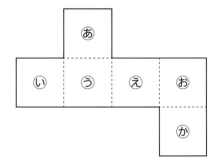

① 　面あと平行な面は、どれですか。

答え _____

② 　面いと平行な面は、どれですか。

答え _____

③ 　面うと垂直な面は、4つあります。どれですか。

答え _____、_____、_____、_____

15 位置の表し方

色を
ぬろう
わからない / だいたいできた / できた!

1 点アの位置をもとにして、（たて，横，高さ）の3つの数字で位置を表します。

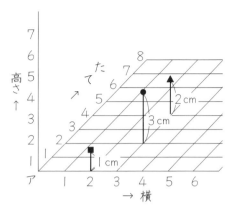

① ↑の位置を表しましょう。

（たて　　cm，横　　cm，高さ　　cm）

② ●の位置を表しましょう。

（たて　　，横　　，高さ　　）

③ ▼の位置を表しましょう。

（たて　　，横　　，高さ　　）

2 点アの位置をもとにして、（たて，横，高さ）の3つの数字で位置を表します。

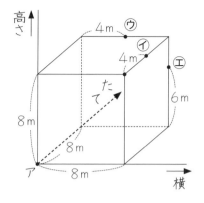

① ④の位置を表しましょう。

（たて　　m，横　　m，高さ　　m）

② ⑦の位置を表しましょう。

（たて　　，横　　，高さ　　）

③ ㋔の位置を表しましょう。

（たて　　，横　　，高さ　　）

学習日　　月　　日
名前

色をぬろう
わからない　だいたいできた　できた!

94÷4を計算すると、商が23で、あまりが2になります。

このわり算の商やあまりが正しいことは

4×23＋2

を計算して、94になることをたしかめます。

この式をたしかめの式ということにします。

わられる数 ＝ わる数 × 商 ＋ あまり

この式は、いつでも成り立つ式です。

```
      2 3
  4 ) 9 4
      8
      1 4
      1 2
        2
```

1　次の計算をして、たしかめをしましょう。

たしかめ

```
  1 7 ) 2 7 6
```

2　ある整数を7でわると、商とあまりが同じになる数のうちもっとも大きい数を求めます。

①　7でわるとき、あまりとして使える数をかきましょう。

答え _____

②　①の中でもっとも大きい数はどれですか。

答え _____

③　求める数を、わり算のたしかめの式を使って求めましょう。

式 _____

答え _____

3　ある整数を6でわると、商とあまりが同じになる数のうちもっとも大きい数を求めましょう。

式 _____

答え _____

　時計の読み方は１年生から学習し、角度について
は４年生で学習しました。

　右の時計は、９時ちょう
どを表しています。長いは
りと短いはりのつくる角度
は90°です。

1 次の時計の長いはりと、短いはりのつくる角度
は、何度ですか。

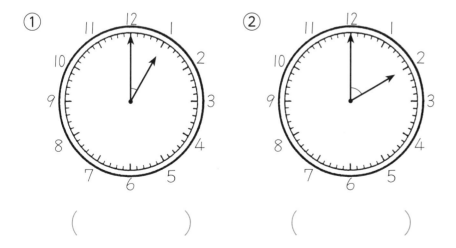

① 　　　　　　② 　　　　　　③ 　　　　　　④

（　　　　　　）　（　　　　　　）　（　　　　　　）　（　　　　　　）

2 次の時計の長いはりと、短いはりがつくる角度
は、何度ですか。

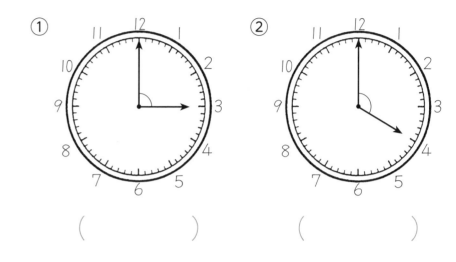

①　　　　　　　②

（　　　　　　　）　（　　　　　　　）

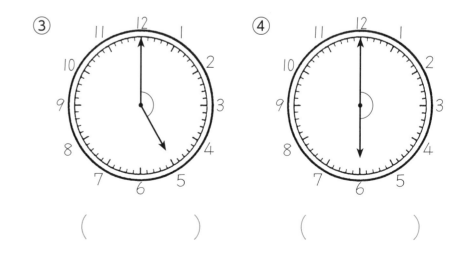

③　　　　　　　④

107

16 特別ゼミ　時計と角度 ②

学　習　日	名
月　　日	前

色を
ぬろう

わから　だいたい　できた！
ない　　できた

時計の短いはりは、30分で30°の半分15°進みます。

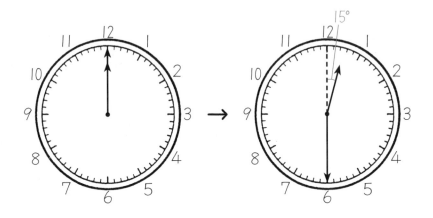

時計の短いはりは、10分で15°の３分の１の5°進みます。

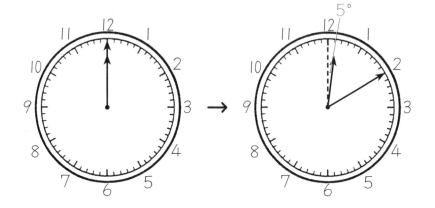

1 次の時計の長いはりと、短いはりのつくる小さい角度は何度ですか。

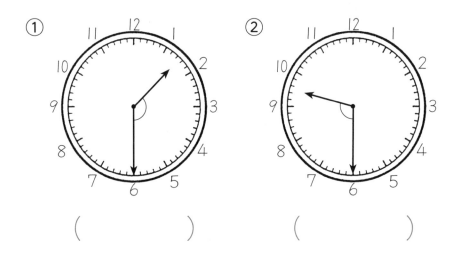

① ②

(　　　　　)　(　　　　　)

2 次の時計の長いはりと、短いはりのつくる小さい角度は何度ですか。

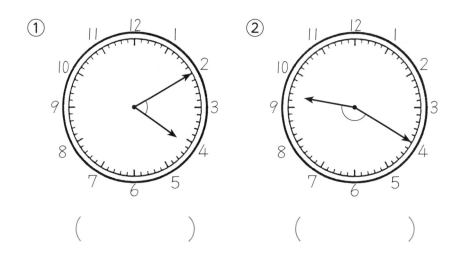

① ②

(　　　　　)　(　　　　　)

はじめ、りんごが1こありました。1分後、りんごは2こになっていました。

(はじめ)

2分後、見てみると、りんごは3こになっていました。

(1分後)

同じようなことが、続くとすれば、3分後、りんごは4こになります。

(2分後)

1分たてば、りんごは1こずつふえているから、すぐにわかります。

これを数字におきかえて、ふえている数を調べます。2つの数の差（大きい数から小さい数をひく）をとります。

はじめ　　1分後　　2分後　　3分後

1　　2　　3　　4

2-1=1　　3-2=1　　4-3=1

変化のようすを調べるとき、差をとる方法があります。

1　次の数のならびは、あるきまりにしたがっています。□にあてはまる数をかきましょう。

① 1 − 3 − 5 − 7 − □

② 4 − 8 − 12 − □ − □

③ 9 − 12 − 15 − □ − □

④ 17 − 15 − 13 − 11 − □

2　ご石を右のようにならべます。
このきまりにしたがうとき、表を完成し、きまりをかきましょう。

1回目　　2回目　　3回目

回　数	1	2	3	4	5
ご石の数（こ）	4	8	12		

答え _____

学習日	名
月　日	前

ある不思議な生物は、1分たつと、2こにふえます。

はじめ、この生物が1にあります。

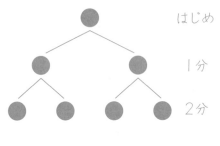

はじめ

1分

2分

1分後、生物は2こにふえていました。2分後、生物は4こにふえていました。3分後どうなったかというと、2倍の8こになっていました。

1分たてば、生物は2倍にふえるのです。

これを数字におきかえて、ふえる数を調べます。

2つの数の比（後ろの数を前の数でわる）をとって調べます。

はじめ　　　1分後　　　2分後　　　3分後

1　　　　2　　　　4　　　　8

2÷1=2　　4÷2=2　　8÷4=2

このように、変化のようすを調べるときの1つの方法として、比をとる方法があります。

1　次の数のならびは、あるきまりにしたがっています。□にあてはまる数をかきましょう。

① | 1 | - | 3 | - | 9 | - | 27 | - | |

② | 1 | - | 5 | - | 25 | - | | - | 625 |

③ | 4 | - | 8 | - | 16 | - | | - | |

④ | 64 | - | 32 | - | 16 | - | | - | |

2　ある宇宙生物は、1分たつと、1こが3こに分かれてふえます。コップの中にこの生物を1こ入れると、5分後にコップいっぱいになりました。

表を完成し、きまりをかきましょう。

時　間	はじめ	1分後	2分後	3分後	4分後	5分後
生物の数	1					

答え _____

特別ゼミ　グループ分け

色を
ぬろう
わからない　だいたいできた　できた！

1 右のような
カレンダーが
あります。

□にあて
はまる数をか
きましょう。

日	月	火	水	木	金	土
	1	2	3	4	① 5	6
7	② 8	9	10	11	12	13
14	15	16	17	18	19	20
21	22	23	24	25	26	27
28	29	30	31			

① □でかこんだ3つの数は

5　　12　　19　と順に7ずつ大きくなります。
　　7　　7　この3つの数をたしたものは

$5+12+19=12×\boxed{}$

② □でかこんだ4つの数をななめにたすと

$15+23=\boxed{}$ ， $16+22=\boxed{}$
で、同じになります。

2 1～30までの整数を、3でわったときのあまり
で、次のように分けます。
　グループA：あまり0（3，6，9，…）
　グループB：あまり1（1，4，7，…）
　グループC：あまり2（2，5，8，…）

① 13はAからCのどのグループに入りますか。

答え _____

② 14はAからCのどのグループに入りますか。

答え _____

③ 13と14をたした数は、AからCのどのグルー
プに入りますか。

答え _____

4年生で面積の学習をしました。

長方形の面積の公式は次のようでした。

　長方形の面積＝たて×横

これからしょうかいする面積図は、ちょくせつ図形の面積とは関係ありませんが、

　かめ１ぴきの足の数×かめの数＝全部の足の数

　えんぴつ１本のねだん×買った数＝代金

など、かけ算をして、全部の数や代金などを、目に見える長方形の形で表せるのが特色です。

　かめ６ぴきの足の数なら右のようにかきます。

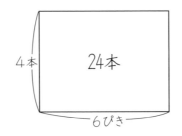

４本　24本　６ぴき

　１本50円のえんぴつ７本の代金なら右のようにかきます。

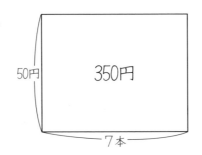

50円　350円　７本

これが面積図のきほんです。

1　１こ50円のあめと、１こ80円のチョコレートをあわせて10こ買いました。ところが店員が、あめとチョコレートのねだんを反対にしたため、120円高くなりました。

①　面積図をかくと右のようになります。

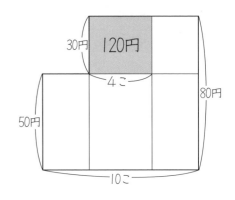

30円　120円　４こ　80円　50円　10こ

　　▨の部分の120円は、あめと、チョコレートのねだんの差（80－50＝30）30円の集まりです。

　120÷30を計算すると4が出ます。これがあめとチョコレートの数の差になります。

　あめとチョコレートはそれぞれ何こ買いましたか。

式＿＿＿＿＿＿＿＿＿＿＿＿＿＿＿＿＿

　答え＿＿＿＿＿＿＿＿＿＿＿＿＿

②　正しい代金を求めましょう。

式＿＿＿＿＿＿＿＿＿＿＿＿＿＿＿＿＿

　　答え＿＿＿＿＿＿＿＿＿＿＿＿＿

　２つの数の和（たし算の答え）や差（ひき算の答え）に注目して、数を求める問題を考えてみましょう。

1　大きい数と小さい数があります。この２つの数の和は60で、その差は16になります。

①　次の図の□にあてはまる数をかきましょう。

大きい数 ├────────────┐
小さい数 ├─────────┘差 [16] } 和 [60]

②　２つの数の和から、差の部分をとれば、小さい数の２つ分になります。これより小さい数を求めましょう。

式　(60−16)÷2＝

答え _____

③　②を使って、大きい数を求めましょう。

式 _____

答え _____

2　大きい数と、小さい数があります。この２つの数の和は72で、その差は18になります。２つの数を求めましょう。

大きい数 ├────────────┐
小さい数 ├─────────┘差 [　] } 和 [　]

式 _____

答え _____

3　兄と弟の２人が、おじさんから２人分で3000円のおこづかいをもらいました。兄は弟より400円多くなるように分けなさいといわれました。兄と弟は何円ずつもらいましたか。

兄 ├────────────┐
弟 ├─────────┘差 [　] } 和 [　]

式 _____

答え _____

113

16 特別ゼミ　倍数算

学習日	名
月　日	前

いろを
ぬろう

わからない　だいたいできた　できた！

2つの数に同じ数をたしたりひいたりすると、一方が他方の何倍かになる問題を考えてみましょう。

1　2つの数27、7があります。これらの数に同じ整数をたすと、大きい数は、小さい数の3倍になりました。

①　次の図の□にあてはまる数をかきましょう。

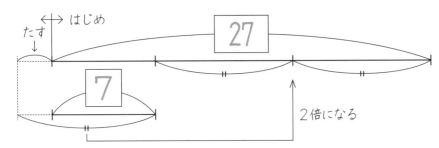

②　27から7をひいた残りは、小さい数に同じ整数をたした数の2倍になります。これより小さい数に同じ整数をたした数を求めましょう。

式　(27-7)÷2＝

答え

③　それぞれの数にたした整数はいくつですか。

式

答え

2　2つの数350、50があります。これらの数に同じ整数をたすと、大きい数は、小さい数の4倍になりました。

同じ整数をたしたあとの大きい数、小さい数を求めましょう。

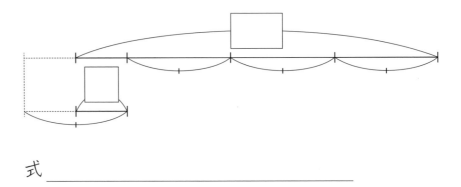

式

答え

3　兄は3400円、弟は700円持っています。父から同じ金額のお金をもらったので、兄は弟の4倍になりました。

父からいくらずつもらいましたか。

式

答え

114

答 え

① あ〜あ むずかしい もう、いやだ

② ユークリッドよ おまえの「原本」 いがいに、もっと かんたんに学ぶ 近道はないのか？

③ 王様、幾何学を 学ぶのに王様用の 本などありません

④ しかたない から続ける か

ユークリッド
（紀元前330年頃〜275年頃）
ギリシャ

　数学者ユークリッドの名前は、あまりにも有名ですが、ユークリッドがいつ生まれたのか、どんな人生であったかなどは、ほとんど何も伝えられていません。

　ユークリッドが、王様トレミー1世のまねきに応じてアレキサンドリアへやって来ました。

　ユークリッドは、アレキサンドリアで、「原本」とよばれている本（教科書）をかきました。先人の残した数学を集めて、それを整理して、13巻の本にあらわしました。

　中学生や高校生になったら、「平面図形」として、学習します。

🦷 大きい数 ①

学習日	月 日	名前		色をぬろう

数は、10こ集まると新しい位ができます。一の位、十の位、百の位、千の位、万の位でした。一万からも10こ集まるごとに、十万、百万、千万と位ができました。

一千万が10こ集まると、**一億（おく）**になります。一億からも10こ集まるごとに、十億、百億、千億と位が上がります。

一千億が10こ集まると、**一兆（ちょう）**になります。一兆からも10こ集まるごとに、十兆、百兆、千兆と位が上がります。

これらをわかりやすくまとめたのが位取り表です。

	兆				億				万				(一)		
	千	百	十	一	千	百	十	一	千	百	十	一	千	百	十	一
				1	2	3	4	5	6	0	0	0	0	0	0	0

表の数は「一兆二千三百四十五億六千万」と読みます。

1 次の漢数字を数字に直しましょう。

① 七兆五千八百三十二億七千三百八十五万二千

兆				億				万				(一)			
千	百	十	一	千	百	十	一	千	百	十	一	千	百	十	一
			7	5	8	3	2	7	3	8	5	2	0	0	0

② 七百三兆二千三百五十四億六千万

兆				億				万				(一)			
千	百	十	一	千	百	十	一	千	百	十	一	千	百	十	一
	7	0	3	2	3	5	4	6	0	0	0	0	0	0	0

③ 三十四兆七千七二百億

答え　34720000000000

④ 五百三兆六千万

答え　503000060000000

🦷 大きい数 ②

学習日	月 日	名前		色をぬろう

1 次の数を数字でかきましょう。

① 1億を80こ集めた数

答え　8000000000

② 1兆を420こ集めた数

答え　420000000000000

③ 1兆を8こと、1億を400こあわせた数

答え　8040000000000

④ 1兆を47こと、1万を6958こあわせた数

答え　47000069580000

⑤ 100億を430こ集めた数

答え　43000000000000

2 次の計算をしましょう。

① 47億＋58億

答え　105億

② 203億－175億

答え　28億

③ 28兆＋36兆

答え　64兆

④ 1240兆－670兆

答え　570兆

⑤ 1兆3000億＋2兆2000億

答え　3兆5000億

⑥ 3兆4000億－2兆5000億

答え　9000億

🦷 大きい数 ③

学習日	月 日	名前		色をぬろう

1 6億2000万を10倍、100倍、1000倍した数や、10でわった数、100でわった数、1000でわった数を調べます。

① 表を完成させましょう。

	億				万				(一)			
	千	百	十	一	千	百	十	一	千	百	十	一
1000倍	6	2	0	0	0	0	0	0	0	0	0	0
100倍		6	2	0	0	0	0	0	0	0	0	0
10倍			6	2	0	0	0	0	0	0	0	0
もとの数				6	2	0	0	0	0	0	0	0
10でわる					6	2	0	0	0	0	0	0
100でわる						6	2	0	0	0	0	0
1000でわる							6	2	0	0	0	0

② 6億2000万を1000倍にしたとき、数字の2は何の位になりますか。

答え　百億の位

2 次の数を求めましょう。

① 73億を10倍した数

答え　730億

② 640億を100倍した数

答え　6兆4000億

③ 45億を1000倍した数

答え　4兆5000億

④ 840億を10でわった数

答え　84億

⑤ 380億を100でわった数

答え　3億8000万

🦷 大きい数 ④

学習日	月 日	名前		色をぬろう

1 □ にあてはまる数をかきましょう。

2 大きい方の数に○をつけましょう。

① 51億 と 49億
（ ○ ）（ ）

② 23兆 と 27兆
（ ）（ ○ ）

③ 4000万 と 1億
（ ）（ ○ ）

④ 10億 と 1兆
（ ）（ ○ ）

⑤ 72864321 と 72864320
（ ○ ）（ ）

1 大きい数 ⑤ まとめ

学習日　月　日　名前　　　ごうかく 80〜100点

1 次の数を求めましょう。　(1つ5点)

① 62億を10倍した数
答え　620億

② 5億3000万を100倍した数
答え　530億

③ 720億を10でわった数
答え　72億

④ 9億4000万を100でわった数
答え　940万

2 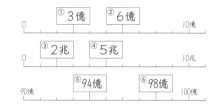 の9まいのカードをすべて使って、9けたの整数をつくります。　(1つ10点)

① 一番大きい数をかきましょう。
答え　876543210

② 一番小さい数をかきましょう。
答え　102345678

③ 2億に一番近い数をかきましょう。
答え　201345678

3 ☐ にあてはまる数をかきましょう。　(1つ5点)

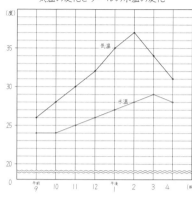

0 ─ ①3億 ─ ②6億 ─ 10億
0 ─ ③2兆 ─ ④5兆 ─ 10兆
90億 ─ ⑤94億 ─ ⑥98億 ─ 100億

4 大きい方の数に○をつけましょう。　(1つ5点)

① 48億 と 47億
（ ○ ）（ ）

② 1億 と 9000万
（ ○ ）（ ）

③ 9000億 と 1兆
（ ）（ ○ ）

④ 2兆 と 1兆
（ ○ ）（ ）

9

2 グラフや表 ①

学習日　月　日　名前

1 教室の温度の変わり方を折れ線グラフにしました。

時こく(時)	午前 9	10	11	12	午後 1	2	3	4
温度(度)	15	16	17	19	20	23	22	20

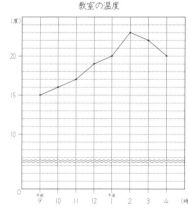

教室の温度

① グラフのたてじくの目もりは、何を表していますか。
答え　温度

② グラフの横じくの目もりは、何を表していますか。
答え　時こく

③ このグラフの表題は何ですか。
答え　教室の温度

④ 教室の温度が一番高かったのは、何時で、何度でしたか。
答え　午後2時、23度

⑤ 1時間の間で、温度の上がり方が大きかった時間は、何時から何時までの間ですか。
答え　午後1時 〜 午後2時まで

10

2 グラフや表 ②

学習日　月　日　名前

1 次の折れ線グラフは、夏の気温の変化と、プールの水温の変化を表したものです。

気温の変化とプールの水温の変化

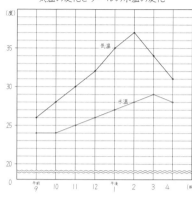

気温
水温

午前 9 10 11 12 午後 2 3 4 (時)

① 気温が一番高かったのは、何時で、何度ですか。
答え　午後2時、37度

② 水温が一番高かったのは、何時で、何度ですか。
答え　午後3時、29度

③ 午前9時から、午後2時までの間で、気温が急に上がったのは何時から何時までですか。
答え　12時から午後1時

④ 午前9時から、午後2時までの間で、気温の変化とプールの水温の変化は、どちらが大きいですか。
答え　気温の変化

⑤ 気温とプールの水温の温度のちがいが一番大きかったのは何時で、温度のちがいは何度ですか。
答え　午後2時、9度

11

2 グラフや表 ③

学習日　月　日　名前

1 次の表は、男の子の成長を表しています。「年れいと体重の変化」の表題をつけました。
次の手順にしたがって、折れ線グラフをかきましょう。

年れいと体重の変化

年れい(才)	0	1	2	3	4	5	6
体重(kg)	3	9	11	13	16	18	20

① グラフの上の ☐ に表題をかきましょう。

② グラフの下の ☐ に年れいをかきましょう。

③ それぞれの年れいのときの体重を点で表し、その点を直線で結んで、折れ線グラフをかきましょう。

年れいと体重の変化

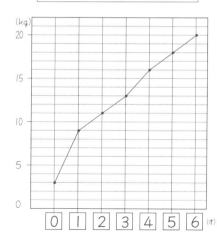

0 1 2 3 4 5 6 (才)

12

2 グラフや表 ④

学習日		名
月	日	前

色を
ぬろう
わからない／だいたいできた／できた！

1 次の表は、1月から12月までの1年間で、毎月1日の午後2時の気温をはかったものです。
「1年間の気温の変わり方」を折れ線グラフで表しましょう。

1年間の気温の変わり方

月	1	2	3	4	5	6
気温（度）	10	13	15	20	24	27

7	8	9	10	11	12
31	33	29	23	17	12

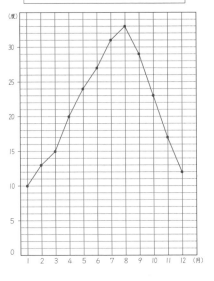

1年間の気温の変わり方

13

2 グラフや表 ⑤

学習日		名
月	日	前

色を
ぬろう
わからない／だいたいできた／できた！

1 次の図形を形と色で分けて調べます。

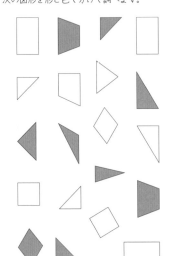

① 左の図形を次の表にまとめましょう。

形＼色	白		青	
三角形	正	4	正一	6
四角形	正丅	7	下	3
合計		11		9

② 1番多かったのは、どの色のどんな形ですか。

答え　　　白い四角形

③ 2番目に多かったのは、どの色のどんな形ですか。

答え　　　青い三角形

14

2 グラフや表 ⑥

学習日		名
月	日	前

色を
ぬろう
わからない／だいたいできた／できた！

1 次の表は、1学期にけがをした人の学年・けがの種類・けがをした場所を記録したものです。

〈けがの記録〉

学年	けがの種類	場所	学年	けがの種類	場所
5	すりきず	ろうか	1	すりきず	教室
3	すりきず	教室	5	つき指	校庭
4	打ぼく	校庭	4	打ぼく	ろうか
6	すりきず	ろうか	2	つき指	校庭
1	すりきず	教室	4	すりきず	ろうか
5	つき指	教室	1	すりきず	教室
4	すりきず	ろうか	5	打ぼく	ろうか
2	つき指	教室	6	つき指	校庭
6	打ぼく	校庭	3	打ぼく	ろうか
5	すりきず	ろうか	6	すりきず	校庭
3	つき指	教室	5	つき指	教室
6	打ぼく	校庭	1	打ぼく	ろうか
2	すりきず	教室	6	すりきず	教室

① どの学年にどのけがが多いか、次の表にまとめましょう。

	すりきず		打ぼく		つき指		合計
1年	下	3	-	1		0	4
2年	-	1		0	丅	2	3
3年	-	1	-	1	-	1	3
4年	丅	2	丅	2		0	4
5年	丅	2	-	1	下	3	6
6年	下	3	丅	2	-	1	6

② けがの種類と場所について、まとめましょう。

	ろうか		教室		校庭		合計
すりきず	正	5	正一	6	-	1	12
打ぼく	正	4		0	下	3	7
つき指		0	正	4	下	3	7

③ すりきずが一番多かった場所はどこですか。

答え　　　教室

15

2 グラフや表 ⑦

学習日		名
月	日	前

色を
ぬろう
わからない／だいたいできた／できた！

1 犬とねこについて、好きかきらいかを聞いて、次の表にまとめました。

動物の好ききらい

		犬		合計
		好き	きらい	
ねこ	好き	18	8	26
	きらい	4	2	6
合計		22	10	32

① 犬とねこのどちらも好きと答えた人は何人ですか。

答え　　　18人

② ねこが好きと答えた人は何人ですか。

答え　　　26人

2 かおるさんのクラスは、男子15人、女子17人です。
クラスの人に、りんごとバナナのうち、どちらが好きかたずねました。
りんごが好きと答えてくれた人は14人でした。
バナナが好きと答えてくれた人は18人で、そのうち9人が男子でした。

次の表の①〜④にあてはまる数を求めましょう。

	男子（人）	女子（人）	合計
りんごが好き	① 6	② 8	14
バナナが好き	9	③ 9	18
合計	15	17	④ 32

16

118

3 わり算の筆算 (÷1けた) ①

学習日　月　日　名前

51÷8 を筆算します。右のようにわられる数とわる数をかきます。

```
           6 ←商
わる数→ 8 )5 1 ←わられる数
8×6=48→  4 8
           3 ←あまり
```

8のだんから
① 商に6をたてます。
② 8×6=48 とかけて下にかきます。
③ 51-48=3 で、あまりをかきます。

あまりは、わる数より小さくなります。
あまりが、わる数より大きいときは、商が小さいときで、商を大きくしなければいけません。

わり算では

①　たてる　　②　かける　　③　ひく

の順に計算します。
わり算によっては、わられる数の次の位の数字を
「④　おろす」で、くり返しする場合もあります。

1 次の計算をしましょう。

① 7)31 → 4, 28, 3
② 9)53 → 5, 45, 8
③ 6)41 → 6, 36, 5
④ 4)31 → 7, 28, 3
⑤ 8)23 → 2, 16, 7
⑥ 5)38 → 7, 35, 3

---

3 わり算の筆算 (÷1けた) ②

学習日　月　日　名前

56÷2 の計算をします。
わられる数の十の位の5の中に2は2回。商2をたてます。
2×2=4、5-4=1
わられる数の一の位の6をおろします。
16の中に2は8回。商8をたてます。
2×8=16、16-16=0

```
         2 8 ←たてる
       2 )5 6
2×2=4→   4
5-4=1→   1 6 ←おろす
2×8=16→  1 6
16-16=0→   0
```

1 次の計算をしましょう。

① 3)75 → 25, 6, 15, 15, 0
② 4)92 → 23, 8, 12, 12, 0
③ 2)39 → 19, 2, 19, 18, 1
④ 4)57 → 14, 4, 17, 16, 1

2 次の計算をしましょう。(あまりあり)

① 5)76 → 15, 5, 26, 25, 1
② 6)80 → 13, 6, 20, 18, 2

---

3 わり算の筆算 (÷1けた) ③

学習日　月　日　名前

63÷3 の計算をします。
わられる数の十の位の6の中に3は2回。商2をたてます。
3×2=6、6-6=0
わられる数の一の位の3をおろします。
3の中に3は1回。商1をたてます。
3×1=3、3-3=0

```
         2 1 ←たてる
       3 )6 3
3×2=6→   6
6-6=0→     3 ←おろす
0はかかない
           3
           0
```

2 次の計算をしましょう。(あまりあり)

① 6)67 → 11, 6, 7, 6, 1
② 5)58 → 11, 5, 8, 5, 3

1 次の計算をしましょう。

① 2)46 → 23, 4, 6, 6, 0
② 4)84 → 21, 8, 4, 4, 0
③ 2)65 → 32, 6, 5, 4, 1
④ 3)94 → 31, 9, 4, 3, 1

---

3 わり算の筆算 (÷1けた) ④

学習日　月　日　名前

91÷3 の計算をすると、ふつう左側のようになります。

<ふつう>
```
         3 0
       3 )9 1
         9
           1
           0 ←しょうりゃく
           1
```

⇒

<しょうりゃく>
```
         3 0 （0をわすれない）
       3 )9 1
         9
           1
```

左の計算で1をおろしたとき、1の中に3はないので、商0をたてて、しょうりゃくすることができます。
このとき、商0をわすれることがありますので注意しましょう。

1 次の計算をしましょう。

① 2)41 → 20, 4, 1
② 3)62 → 20, 6, 2
③ 4)83 → 20, 8, 3
④ 5)51 → 10, 5, 1
⑤ 3)90 → 30, 9, 0
⑥ 2)40 → 20, 4, 0

3 わり算の筆算 (÷1けた) ⑤

学習日 月 日　名前　　色をぬろう わからない だいたい できた!

376÷2 を計算します。
わられる数の百の位3の中に2は1回。商1をたてます。
2×1=2、3-2=1
7をおろします。17の中に2は8回。商8をたてます。
かける、ひく、おろすをくり返します。

```
    188
  2)376
    2
    17
    16
     16
     16
      0
```

1 次の計算をしましょう。

①
```
    258
  3)774
    6
    17
    15
     24
     24
      0
```

②
```
    143
  4)572
    4
    17
    16
     12
     12
      0
```

③
```
    112
  4)449
    4
     4
     4
      9
      8
      1
```

④
```
    135
  5)678
    5
    17
    15
     28
     25
      3
```

2 次の計算をしましょう。(あまりあり)

①
```
    155
  3)467
    3
    16
    15
     17
     15
      2
```

②
```
    281
  2)563
    4
    16
    16
      3
      2
      1
```

21

---

3 わり算の筆算 (÷1けた) ⑥

学習日 月 日　名前　　色をぬろう わからない だいたい できた!

435÷5 を計算します。
わられる数の百の位4の中に5はありません。4の上に商はたちません。
43の中に5は8回。商8をたて、かける、ひくをします。
5をおろし、35の中に5は7回。商7をたてて計算します。

商はたたない
```
   ×
     87
  5)435
    40
    35
    35
     0
```

1 次の計算をしましょう。

①
```
     84
  7)588
    56
    28
    28
     0
```

②
```
     95
  3)285
    27
    15
    15
     0
```

③
```
     61
  6)368
    36
     8
     6
     2
```

④
```
     84
  7)592
    56
    32
    28
     4
```

2 次の計算をしましょう。(あまりあり)

①
```
     64
  4)257
    24
    17
    16
     1
```

②
```
     49
  3)148
    12
    28
    27
     1
```

22

---

3 わり算の筆算 (÷1けた) ⑦

学習日 月 日　名前　　色をぬろう わからない だいたい できた!

```
    208              208
  2)416            2)416
    4                4
    1                16
    0                16
    16                0
    16
     0
```
⇒

計算のとちゅうをしょうりゃくすることができます。

```
    120              120
  3)361            3)361
    3                3
    6                6
    6                6
    1                1
    0
```
⇒

しょうりゃくすることができます。

1 次の計算をしましょう。

①
```
    103
  7)721
    7
    21
    21
     0
```

②
```
    205
  3)615
    6
    15
    15
     0
```

2 次の計算をしましょう。

①
```
    210
  2)421
    4
    2
    2
    1
```

②
```
    120
  4)482
    4
    8
    8
    2
```

23

---

3 わり算の筆算 (÷1けた) ⑧

学習日 月 日　名前　　色をぬろう わからない だいたい できた!

1 345まいの折り紙を1人に7まいずつ配ります。何人に配れて、何まいあまるか考えます。

① 上の問いに答えましょう。

式 345÷7=49あまり2

答え 49人に配れて
　　 2まいあまる

```
     49
  7)345
    28
    65
    63
     2
```

② (配れる人数)×7+(あまり) を計算して、配る前の数345まいになることを、たしかめて、正しいかそうでないか○をつけましょう。

式 49×7+2=345

```
     49
   ×  7
    343
```

計算は （正しい）・ 正しくない

2 9cmのいねのなえを植えました。いねは成長して高さが45cmになりました。成長したいねの高さは、いねのなえの高さの何倍ですか。

式 45÷9=5

答え 5倍

```
     5
  9)45
    45
     0
```

3 クジラの親の体長は、クジラの子どもの体長の6倍で、18mです。クジラの子どもの体長は何mですか。

式 18÷6=3

答え 3m

```
     3
  6)18
    18
     0
```

24

④ 角の大きさ ①

色を　わからない　だいたいできた　できた！
ぬろう

点アを中心にして、直線アウを動かします。

いろいろな角の大きさができます。この角の大きさをはかるときには、**分度器**を使います。直角を90に等分した1つ分を**1度**といい、**1°**とかきます。
角の大きさのことを **角度** ともいいます。

1 次の□にあてはまる数をかきましょう。

① 1直角＝ 90 °

② 2直角＝ 180 °

③ 3直角＝ 270 °

④ 4直角＝ 360 °

<角度のはかり方>
角ウアイの大きさをはかります。
① 分度器の中心をちょうど点アにあわせる。
② 0°の線を直線アイにあわせる。
③ 直線アウと重なった目もりを読む。

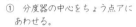

25

---

④ 角の大きさ ②

色を　わからない　だいたいできた　できた！
ぬろう

1 次の角度をはかりましょう。

① （ 30 °）

② （ 45 °）

③ 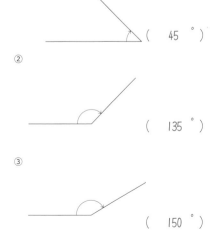（ 120 °）

2 次の角度をはかりましょう。

① （ 45 °）

② （ 135 °）

③ 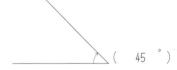（ 150 °）

26

---

④ 角の大きさ ③

色を　わからない　だいたいできた　できた！
ぬろう

1 次の角度をはかりましょう。

① （ 180 °）

② 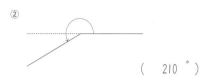（ 210 °）

③ （ 225 °）

2 次の角度をはかりましょう。

① （ 240 °）

② （ 300 °）

③ 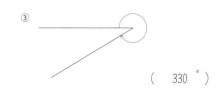（ 330 °）

27

---

④ 角の大きさ ④

色を　わからない　だいたいできた　できた！
ぬろう

1 次の角をかきましょう。

① 40°

② 70°

2 次の角をかきましょう。

① 135°

② 155°

28

121

 **角の大きさ ⑤**

❶ 次の角をかきましょう。

① 200°

② 240°

❷ 次の角をかきましょう。

① 275°

② 325°

29

 **角の大きさ ⑥**

❶ 次の角度をはかりましょう。

あ	110°
い	110°
う	70°
え	70°

あといが同じ角度、うとえが同じ角度になりました。また、あ＋うは180°になります。

❷ 次の角度を求めましょう。

あ	60°
い	60°
う	120°

❸ 三角じょうぎの角度をはかりましょう。

①

あ	45°
い	90°
う	45°

②

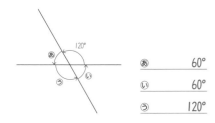

あ	60°
い	90°
う	30°

30

 **角の大きさ ⑦**

❶ 次の三角形をかきましょう。

① 2つの辺の長さが6cmと5cmで、その間の角が50°の三角形

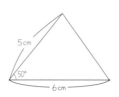

② 1つの辺の長さが8cmで、その両はしの角が40°と60°の三角形

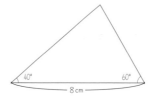

❷ 次の問いに答えましょう。

① 1辺の長さが8cmの正三角形をコンパスを使ってかきましょう。

② 正三角形の3つの角を分度器ではかります。それぞれの角の大きさは、同じです。その角度をかきましょう。

答え　　　　60°

31

 **角の大きさ ⑧　まとめ**

❶ 三角じょうぎを2まい組み合わせてつくった、次の角度は何度ですか。　（1つ10点）

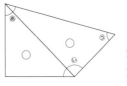

あ	75°
い	135°
う	60°

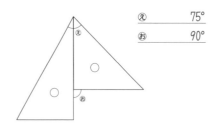

え	75°
お	90°

❷ 三角じょうぎを2まい組み合わせてつくった、次の角度は何度ですか。　（1つ10点）

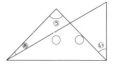

あ	15°
い	45°
う	90°

え	15°
お	45°

32

122

5 小数のたし算・ひき算 ①

学習日 月 日　名前

色をぬろう　わからない・だいたいできた・できた！

1Lのますを10等分した1つは、0.1Lです。
0.1Lを10等分した1つを、0.01Lと表します。
さらに、0.01Lを10等分した1つを、0.001Lと表します。

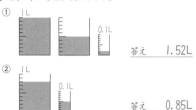

小数 0.246 の数字の2の位を小数第1位、数字の4の位を小数第2位、数字の6の位を小数第3位といいます。

0.246

1 次の水かさは、何Lですか。

① 　　　答え　1.52L

② 　　　答え　0.85L

2 次の数を求めましょう。

① 0.1が2こと、0.01が8こあわせた数
　　　答え　0.28

② 0.1が3こと、0.01が7こと、0.001が5こあわせた数
　　　答え　0.375

③ 0.07は、0.01が何こ集まった数ですか。
　　　答え　7こ

④ 0.23は、0.01が何こ集まった数ですか。
　　　答え　23こ

⑤ 0.005は、0.001が何こ集まった数ですか。
　　　答え　5こ

⑥ 0.043は、0.001が何こ集まった数ですか。
　　　答え　43こ

33

5 小数のたし算・ひき算 ②

学習日 月 日　名前

色をぬろう　わからない・だいたいできた・できた！

1 （ ）内の単位にあわせ、小数でかきましょう。

① 1L2dL　　（ 1.2L ）

② 7dL　　（ 0.7L ）

③ 3m45cm　　（ 3.45m ）

④ 31cm　　（ 0.31m ）

⑤ 2cm6mm　　（ 0.026m ）

⑥ 5kg420g　　（ 5.42kg ）

⑦ 530g　　（ 0.53kg ）

⑧ 47g　　（ 0.047kg ）

1と0.1、0.01、0.001の関係は、次のようになります。

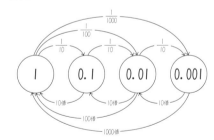

2 次の数はそれぞれ何倍すると1になりますか。

① 0.1　　　答え　10倍

② 0.01　　　答え　100倍

③ 0.001　　　答え　1000倍

34

5 小数のたし算・ひき算 ③

学習日 月 日　名前

色をぬろう　わからない・だいたいできた・できた！

1 次の数を10倍、100倍、1000倍した数をかきましょう。

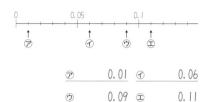

	整数			小数		
	百	十	一	第1位	第2位	第3位
1000倍	1	3	0			
100倍		1	3			
10倍			1	3		
もとの数			0	1	3	

2 次の数を $\frac{1}{10}$、$\frac{1}{100}$、$\frac{1}{1000}$ にした数をかきましょう。

	整数			小数		
	百	十	一	第1位	第2位	第3位
もとの数		4	7			
$\frac{1}{10}$			4	7		
$\frac{1}{100}$			0	4	7	
$\frac{1}{1000}$			0	0	4	7

3 1目もりが0.01の数直線があります。次の目もりを読みましょう。

0　　0.05　　0.1
ア　　イ　ウ　エ

ア　0.01　　イ　0.06

ウ　0.09　　エ　0.11

4 大きい方の数に○をつけましょう。

① 0.06と0.08　　② 0.03と0.02
　（ ）（○）　　（○）（ ）

③ 1.25と1.26　　④ 2.16と2.36
　（ ）（○）　　（ ）（○）

⑤ 0.004と0.002　　⑥ 0.45と0.39
　（○）（ ）　　（○）（ ）

35

5 小数のたし算・ひき算 ④

学習日 月 日　名前

色をぬろう　わからない・だいたいできた・できた！

1 次の計算をしましょう。

①
```
  3.54
+ 1.23
------
  4.77
```

②
```
  4.03
+ 2.51
------
  6.54
```

③
```
  7.34
+ 2.13
------
  9.47
```

④
```
  4.53
+ 5.21
------
  9.74
```

⑤
```
  3.74
+ 5.73
------
  9.47
```

⑥
```
  4.83
+ 1.98
------
  6.81
```

⑦
```
  2.78
+ 4.97
------
  7.75
```

⑧
```
  3.69
+ 4.53
------
  8.22
```

2 次の計算をしましょう。

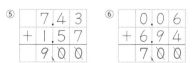
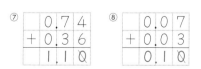

①
```
  0.08
+ 0.07
------
  0.15
```

②
```
  0.06
+ 0.09
------
  0.15
```

③
```
  0.18
+ 0.99
------
  1.17
```

④
```
  0.35
+ 0.87
------
  1.22
```

⑤
```
  7.43
+ 1.57
------
  9.00
```

⑥
```
  0.06
+ 6.94
------
  7.00
```

⑦
```
  0.74
+ 0.36
------
  1.10
```

⑧
```
  0.07
+ 0.03
------
  0.10
```

36

1　次の計算をしましょう。

① 4.38 − 2.13 = 2.25
② 7.45 − 3.24 = 4.21
③ 6.79 − 1.57 = 5.22
④ 6.23 − 3.12 = 3.11
⑤ 0.76 − 0.43 = 0.33
⑥ 0.85 − 0.31 = 0.54
⑦ 2.17 − 1.69 = 0.48
⑧ 4.02 − 2.56 = 1.46

2　次の計算をしましょう。

① 3.56 − 1.87 = 1.69
② 7.06 − 3.37 = 3.69
③ 1.03 − 0.88 = 0.15
④ 0.96 − 0.9 = 0.06
⑤ 6 − 0.78 = 5.22
⑥ 7 − 2.96 = 4.04
⑦ 4.56 − 0.56 = 4.00
⑧ 7.23 − 1.23 = 6.00

80÷20 の計算は、10のかたまりで考えます。

80は10のかたまりで8、20は10のかたまりで2です。

80÷20 は、10のかたまりで考えると 8÷2 と同じです。

商に4をたてて、かける、ひくをします。

商の位置

```
       4
20)8 0
     8 0
       0
```

96÷32 の計算も、10のかたまりで考えるのを指でかくす方法を使ってみます。

96÷32＝9▢÷3▢

9÷3 の商は3で、96÷32 の商は3と見当をつけます。

あとは、今までと同じで

（たてる）→（かける）→（ひく）

をします。

商の位置

```
       3
32)9 6
     9 6
       0
```

1　次の計算をしましょう。

①
```
     3
2 1)6 3
    6 3
       0
```
指でかくし、6÷2から商3がたつ（たてる）
21×3＝63　（かける）
63−63＝0　（ひく）

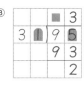
②
```
     2
3 6)7 2
    7 2
       0
```
指でかくし、7÷3から商2がたつ（たてる）
36×2＝72　（かける）
72−72＝0　（ひく）

③
```
     3
3 1)9 5
    9 3
       2
```
指でかくし、9÷3から商3がたつ（たてる）
31×3＝93　（かける）
95−93＝2　（ひく）

1　小数 0.2 について、次の数を求めましょう。　(1つ5点)

① 10倍した数　　　答え　2
② 1000倍した数　　答え　200
③ $\frac{1}{10}$ にした数　　答え　0.02
④ $\frac{1}{100}$ にした数　　答え　0.002

2　1目もりが 0.001 の数直線があります。次の目もりを読みましょう。　(1つ5点)

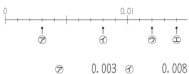

⑦　0.003　　⑦　0.008
⑦　0.012　　⑦　0.014

3　次の計算をしましょう。　(1つ6点)

① 5.24 + 1.28 = 6.52
② 3.57 + 4.61 = 8.18
③ 3.77 + 2.89 = 6.66
④ 4.57 + 1.68 = 6.25
⑤ 2.34 + 2.56 = 4.90
⑥ 6.34 − 2.13 = 4.21
⑦ 7.36 − 4.29 = 3.07
⑧ 8.41 − 2.77 = 5.64
⑨ 6 − 0.92 = 5.08
⑩ 4.58 − 1.28 = 3.30

1　次の計算をしましょう。

① 26)78 → 3, 78, 0
② 23)92 → 4, 92, 0
③ 38)76 → 2, 76, 0
④ 47)94 → 2, 94, 0
⑤ 24)72 → 3, 72, 0
⑥ 30)90 → 3, 90, 0

2　次の計算をしましょう。（あまりあり）

① 23)54 → 2, 46, 8
② 32)98 → 3, 96, 2
③ 39)83 → 2, 78, 5
④ 34)75 → 2, 68, 7
⑤ 12)39 → 3, 36, 3
⑥ 21)91 → 4, 84, 7

6 わり算の筆算 （÷2けた） ③

学習日 月 日　名前

色をぬろう（わからない／だいたいできた／できた！）

1 次の計算をしましょう。（商のたて直し）

① 14)56 → 4 ／ 56 ／ 0
② 27)81 → 3 ／ 81 ／ 0
③ 16)64 → 4 ／ 64 ／ 0
④ 17)68 → 4 ／ 68 ／ 0
⑤ 18)90 → 5 ／ 90 ／ 0
⑥ 19)76 → 4 ／ 76 ／ 0

2 次の計算をしましょう。（あまりあり）

① 48)91 → 1 ／ 48 ／ 43
② 37)72 → 1 ／ 37 ／ 35
③ 24)92 → 3 ／ 72 ／ 20
④ 18)78 → 4 ／ 72 ／ 6
⑤ 17)50 → 2 ／ 34 ／ 16
⑥ 19)93 → 4 ／ 76 ／ 17

41

---

6 わり算の筆算 （÷2けた） ④

学習日 月 日　名前

色をぬろう（わからない／だいたいできた／できた！）

1 次の計算をしましょう。

① 23)138 → 6 ／ 138 ／ 0
② 34)204 → 6 ／ 204 ／ 0
③ 43)344 → 8 ／ 344 ／ 0
④ 21)147 → 7 ／ 147 ／ 0
⑤ 54)216 → 4 ／ 216 ／ 0
⑥ 78)234 → 3 ／ 234 ／ 0

2 次の計算をしましょう。（あまりあり）

① 52)108 → 2 ／ 104 ／ 4
② 23)139 → 6 ／ 138 ／ 1
③ 52)321 → 6 ／ 312 ／ 9
④ 42)128 → 3 ／ 126 ／ 2
⑤ 64)389 → 6 ／ 384 ／ 5
⑥ 21)138 → 6 ／ 126 ／ 12

42

---

6 わり算の筆算 （÷2けた） ⑤

学習日 月 日　名前

色をぬろう（わからない／だいたいできた／できた！）

1 次の計算をしましょう。（商のたて直し）

① 35)245 → 7 ／ 245 ／ 0
② 69)483 → 7 ／ 483 ／ 0
③ 57)456 → 8 ／ 456 ／ 0
④ 18)108 → 6 ／ 108 ／ 0
⑤ 16)112 → 7 ／ 112 ／ 0
⑥ 19)152 → 8 ／ 152 ／ 0

2 次の計算をしましょう。（あまりあり）

① 32)159 → 4 ／ 128 ／ 31
② 21)124 → 5 ／ 105 ／ 19
③ 53)154 → 2 ／ 106 ／ 48
④ 27)207 → 7 ／ 189 ／ 18
⑤ 39)302 → 7 ／ 273 ／ 29
⑥ 48)174 → 3 ／ 144 ／ 30

43

---

6 わり算の筆算 （÷2けた） ⑥

学習日 月 日　名前

色をぬろう（わからない／だいたいできた／できた！）

1 次の計算をしましょう。

① 32)416 → 13 ／ 32 ／ 96 ／ 96 ／ 0
② 24)528 → 22 ／ 48 ／ 48 ／ 48 ／ 0
③ 41)738 → 18 ／ 41 ／ 328 ／ 328 ／ 0
④ 67)871 → 13 ／ 67 ／ 201 ／ 201 ／ 0

2 次の計算をしましょう。

① 34)816 → 24 ／ 68 ／ 136 ／ 136 ／ 0
② 49)784 → 16 ／ 49 ／ 294 ／ 294 ／ 0
③ 24)624 → 26 ／ 48 ／ 144 ／ 144 ／ 0
④ 46)736 → 16 ／ 46 ／ 276 ／ 276 ／ 0

44

6 わり算の筆算（÷2けた）⑦

学習日 月 日　名前

色をぬろう　わからない・だいたい・できた！

1 次の計算をしましょう。（あまりあり）

① 57)984 → 17, 57, 414, 399, 15
② 24)691 → 28, 48, 211, 192, 19
③ 48)697 → 14, 48, 217, 192, 25
④ 38)799 → 21, 76, 39, 38, 1

2 次の計算をしましょう。（あまりあり）

① 21)864 → 41, 84, 24, 21, 3
② 16)751 → 46, 64, 111, 96, 15
③ 45)956 → 21, 90, 56, 45, 11
④ 36)578 → 16, 36, 218, 216, 2

45

6 わり算の筆算（÷2けた）⑧

学習日 月 日　名前

色をぬろう　わからない・だいたい・できた！

1 96本のバナナがあります。12本ずつかごにのせると、かごは何こ必要ですか。

式 96÷12＝8

12)96 → 8, 96, 0

答え 8こ

2 162kgのみかんがあります。1つの箱に18kgずつつめると、何箱できますか。

式 162÷18＝9

18)162 → 9, 162, 0

答え 9箱

3 320cmのリボンがあります。26cmずつ切ると、何本とれて、何cm残りますか。

式 320÷26＝12あまり8

26)320 → 12, 26, 60, 52, 8

答え 12本とれて、8cm残る

4 210このダンボール箱があります。トラック1台には、このダンボール箱を24こ積んで運ぶことができます。すべてのダンボール箱を運ぶには、何台のトラックが必要ですか。

式 210÷24＝8あまり18

24)210 → 8, 192, 18

答え 9台

46

6 わり算の筆算 ⑨ まとめ

学習日 月 日　名前

ごうかく 80～100点　　点

1 次の計算をしましょう。（1つ10点）

① 2)48 → 24, 4, 8, 8, 0
② 3)75 → 25, 6, 15, 15, 0
③ 4)58 → 14, 4, 18, 16, 2
④ 23)138 → 6, 138, 0
⑤ 52)108 → 2, 104, 4
⑥ 57)456 → 8, 456, 0
⑦ 39)302 → 7, 273, 29

2 76このかきがあります。6こずつかごにのせると、何かごできて、何こあまりますか。
（式5点・計算5点・答え5点）

式 76÷6＝12あまり4

6)76 → 12, 6, 16, 12, 4

答え 12かごでき、4こあまる

3 23人で437このくりを拾いました。同じ数に分けると、1人分は何こですか。
（式5点・計算5点・答え5点）

式 437÷23＝19

23)437 → 19, 23, 207, 207, 0

答え 19こ

47

7 およその数 ①

学習日 月 日　名前

色をぬろう　わからない・だいたい・できた！

0、1、2、3、4、5、6、7、8、9、10、……などの数を 整数 といいます。

たとえば、1、2、3、4、5、6、7、8、9の9この整数があるとき、
5以上の整数といえば、5をふくめて、5より大きい整数のことで、このときは、5、6、7、8、9を表します。
数直線の図で、・はふくむことを表します。

（5以上の整数）

5以下の整数といえば、5をふくめて、5より小さい整数のことで、1、2、3、4、5を表します。

（5以下の整数）

また、5未満の整数といえば、5をふくまないで、5より小さい整数のことで、1、2、3、4のことです。

（5未満の整数）

1 1から、15までの整数について

① 10以上の整数を答えましょう。
答え 10、11、12、13、14、15

② 6以下の整数を答えましょう。
答え 1、2、3、4、5、6

③ 4未満の整数を答えましょう。
答え 1、2、3

④ 7以上、11未満の整数を答えましょう。
答え 7、8、9、10

2 次の□にあてはまる数をかきましょう。

① 14 以上の整数

② 24 未満の整数

48

7 およその数 ②

学習日 月 日　名前

色をぬろう：わからない／だいたいできた／できた

りんごの重さが 210g のとき、およそ 200g と考えることができます。

りんごの重さが 280g のときはどうでしょう。およそ 300g と考えることができます。

このように、およその数のことを **がい数** といいます。

たとえば、210 や 280 を百の位のがい数にするとき、十の位に注目して、十の位の数が

0，1，2，3，4 …… 切りすてる
5，6，7，8，9 …… 切り上げる

方法があります。これを **四捨五入** といいます。

210 や 280 を百の位のがい数で表すとき

2i0 → 200 （十の位が1だから）
280 → 300 （十の位が8だから）

となります。

1 次の数を十の位までのがい数にします。十の位のがい数にするときは、一の位を四捨五入します。四捨五入する位に（•）を打ってから、がい数にします。

① 6i　　60　　② 75•　　80
③ 48•　　50　　④ 32•　　30
⑤ 253•　250　　⑥ 189•　190
⑦ 324•　320　　⑧ 576•　580

2 次の数を百の位までのがい数にしましょう。

① 563•　600　　② 428•　400
③ 749•　700　　④ 891•　900
⑤ 2784•　2800　　⑥ 5438•　5400
⑦ 3249•　3200　　⑧ 6578•　6600

49

---

7 およその数 ③

学習日 月 日　名前

色をぬろう：わからない／だいたいできた／できた

1 次の数を千の位までのがい数にします。千の位のがい数にするときは、百の位を四捨五入します。四捨五入する位に点（•）を打ってから、がい数にしましょう。

① 1981•　2000　　② 2i56　2000
③ 3863•　4000　　④ 5482•　5000
⑤ 16480•　16000

2 次の数を一万の位までのがい数にしましょう。

① 43698•　40000
② 28581•　30000
③ 76208•　80000
④ 32671•　30000

3 次の数を上から1けたのがい数にします。
上から1けたのがい数にするときは、上から2けた目の数を四捨五入します。四捨五入する位に（•）を打ってから、がい数にしましょう。

① 458•　500　　② 947•　900
③ 1392•　1000　　④ 3648•　4000
⑤ 47609•　50000

4 次の数を上から2けたのがい数にしましょう。

① 7681•　7700
② 5627•　5600
③ 48635•　49000
④ 76479•　76000

50

7 およその数 ④

学習日 月 日　名前

色をぬろう：わからない／だいたいできた／できた

1 一の位を四捨五入して、30になる数に○をつけましょう。

① 34　（ ○ ）　　② 23　（ ）
③ 36　（ ）　　④ 26　（ ○ ）
⑤ 24　（ ）　　⑥ 35　（ ）
⑦ 29　（ ○ ）　　⑧ 33　（ ○ ）
⑨ 25　（ ○ ）　　⑩ 28　（ ○ ）

2 一の位を四捨五入して、30になる整数は、いくつから、いくつまでですか。数直線を見て考えましょう。

23 24 25 26 27 28 29 30 31 32 33 34 35

答え　25から34まで

3 十の位を四捨五入して、500になる数に○をつけましょう。

① 458　（ ○ ）　　② 571　（ ）
③ 478　（ ○ ）　　④ 536　（ ○ ）
⑤ 509　（ ○ ）　　⑥ 493　（ ○ ）
⑦ 562　（ ）　　⑧ 436　（ ）
⑨ 449　（ ）　　⑩ 550　（ ）

4 十の位を四捨五入して、500になる数は、いくつからいくつまでですか。数直線を見て考えましょう。

449 450 451　　　　548 549 550

答え　450から549まで

51

---

7 およその数 ⑤

学習日 月 日　名前

色をぬろう：わからない／だいたいできた／できた

1 電気店で、61860円のエアコンと、25820円のデジタルカメラを買いました。

① エアコンの代金を千の位までのがい数にしましょう。　　答え　62000円

② デジタルカメラの代金を千の位までのがい数にしましょう。　　答え　26000円

③ ①、②のがい数を使って、代金の合計を出しましょう。

式　62000＋26000＝88000

答え　88000円

④ エアコンは、デジタルカメラより、およそ何万何千円高いですか。

式　62000－26000＝36000

答え　36000円

2 22800円のDVDプレーヤーと、79800円のテレビを買いました。

① DVDプレーヤーの代金を千の位までのがい数にしましょう。　　答え　23000円

② テレビの代金を千の位までのがい数にしましょう。　　答え　80000円

③ ①、②のがい数を使って、代金の合計を出しましょう。

式　23000＋80000＝103000

答え　103000円

④ テレビは、DVDプレーヤーより、およそ何万何千円高いですか。

式　80000－23000＝57000

答え　57000円

52

127

7 およその数 ⑥

学習日 月 日　名前

色を ぬろう 😖わからない 😐だいたいできた 😊できた

1 1本315円のジュースを28本買います。

① ジュース1本のねだんを、上から1けたのがい数にしましょう。

答え　300円

② ジュースを買う本数を、上から1けたのがい数にしましょう。

答え　30本

③ ①、②のがい数を使って、代金の合計を出しましょう。

式　300×30=9000

答え　9000円

2 スーパーマーケットで、1箱208円のビスケットがありました。今、6300円持っています。
6300円で、このビスケットは何箱買えるか考えます。

① ビスケットのねだんを、上から1けたのがい数にしましょう。

答え　200円

② 持っているお金を、上から1けたのがい数にしましょう。

答え　6000円

③ ①、②のがい数を使って、ビスケットが何箱買えるか答えましょう。

式　6000÷200=30

答え　30箱

53

7 およその数 ⑦ まとめ

学習日 月 日　名前

ごうかく 80~100点　点

1 次の数を百の位までのがい数にしましょう。
(1つ5点)

① 483　500
② 351　400
③ 614　600
④ 244　200
⑤ 863　900
⑥ 925　900

2 次の数を千の位までのがい数にしましょう。
(1つ5点)

① 6736　7000
② 5435　5000
③ 7149　7000
④ 2748　3000
⑤ 15486　15000
⑥ 27723　28000

3 十の位を四捨五入して、200になる数は、いくつからいくつまでですか。
(10点)

答え　150から249まで

4 75650円のけいたい電話と、20900円のうで時計を買いました。

① けいたい電話の代金を上から2けたのがい数で表しましょう。
(10点)

答え　76000円

② うで時計の代金を上から2けたのがい数で表しましょう。
(10点)

答え　21000円

③ ①、②のがい数を使って、およその代金を求めましょう。
(式・答え各5点)

式　76000+21000=97000

答え　97000円

54

8 計算のきまり ①

学習日 月 日　名前

色を ぬろう 😖わからない 😐だいたいできた 😊できた

計算の順じょは、たし算、ひき算だけの式では、左側から、順番にします。

$$20+5-3=22$$
①25
②22

ところが、かけ算やわり算が式の中に入ると

$$14+7×3=35$$
①21
②35

のように、かけ算やわり算を先にします。
また、（　）が式の中に入ると

$$35÷(17-12)=7$$
①5
②7

と、（　）の内の計算を先にします。順番は

（　）→　×÷　→　＋−

と覚えましょう。

1 次の計算をしましょう。

① 40−8+6 = 38
② 14+8−10 = 12
③ 50−8×6 = 2
④ 9×3+17 = 44
⑤ 37+12÷4 = 40
⑥ 100÷4−15 = 10
⑦ 60×4+40×2 = 320
⑧ 640÷8−560÷7 = 0

55

8 計算のきまり ②

学習日 月 日　名前

色を ぬろう 😖わからない 😐だいたいできた 😊できた

1 次の計算をしましょう。

① 50+(40−20) = 70
② (62−22)+80 = 120
③ 100−(45−25) = 80
④ (200−150)−10 = 40
⑤ 4×(13+12) = 100
⑥ (70−63)×8 = 56
⑦ 80÷(15−7) = 10
⑧ 40÷(16+4) = 2

2 次の計算をしましょう。

① 50−(23+17) = 10
② 100−(36−24) = 88
③ 90÷(14−5) = 10
④ 30×(9+1) = 300
⑤ 180−50×3 = 30
⑥ 150−2×40 = 70
⑦ 60×3−20×5 = 80
⑧ 30×7−80÷2 = 170

56

8 計算のきまり ③

数のかわりに □、○、△ を使うと、次のようなきまりがあります。

⑦ □+○=○+□
⑦ □×○=○×□
⑦ (□+○)+△=□+(○+△)
⑦ (□×○)×△=□×(○×△)

これらは、たし算とかけ算について、計算の順番を入れかえても、答えはかわらないことを表します。

1 上のきまりを使っています。□にあてはまる数をかきましょう。

① 26+73=73+ 26
② 8×20=20× 8
③ (17+4)+16= 17 +(4+16)
④ (57×4)×25= 57 ×(4×25)

2 くふうして、計算しましょう。

① 54+6.8+3.2= 64
② 4.7+3.3+12= 20
③ 67+94+6= 167
④ 50+46+54= 150
⑤ 16×5×2= 160
⑥ 7×25×4= 700
⑦ 36×25= 9×4×25
　　　　= 900

57

---

8 計算のきまり ④

白い石と黒い石がならんでいます。
白い石は 4×7=28 こ
黒い石は 2×7=14 こ
で、白と黒の合計は
(4+2)×7=42 こ
です。
(4+2)×7=4×7+2×7
となります。数のかわりに、□、○、△を使うと
⑦ (□+○)×△=□×△+○×△
⑦ (□-○)×△=□×△-○×△

1 □にあてはまる数をかきましょう。

① (10+3)×6=10×6+ 3 ×6
② (10-2)×3=10×3-2× 3
③ 4×8+6×8=(4+ 6)×8
④ 16×7-6×7=(16-6)× 7

2 くふうして、計算しましょう。

① 6.8×5+3.2×5=(6.8+3.2)×5
　　　　　　　= 10×5
　　　　　　　= 50
② 103×43=(100+3)×43
　　　　= 4300+129
　　　　= 4429
③ 98×28=(100-2)×28
　　　　= 2800-56
　　　　= 2744
④ 10.2×7=(10+0.2)×7
　　　　= 70+1.4
　　　　= 71.4

58

---

9 平行と垂直 ①

2本の直線が交わって直角ができるとき、この2本の直線は **垂直** であるといいます。

直角のしるし

右の図のように、横の直線をのばすと、たての直線と直角に交わるときも垂直といいます。

1 2本の直線が垂直なものに、直角のしるしをつけましょう。

①
②

2 図のたての直線に垂直な直線は、⑦〜⑦のどれですか。記号で答えましょう。

答え　⑦、⑦、⑦、⑦

3 三角じょうぎで、直角を表すところに、直角のしるしをつけましょう。

59

---

9 平行と垂直 ②

1本の直線に垂直な2本の直線は、**平行** であるといいます。

平行

1本の直線に、等しい角度で交わる2本の直線は平行であるといいます。

平行

1 右の長方形で、平行な辺はどれとどれですか。記号で答えましょう。

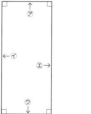

答え　⑦と⑦ 、⑦と⑦

2 2本の直線が平行になっているものの番号をかきましょう。

①　②
③　④

答え　①、③

3 平行な直線を選び、記号で答えましょう。

答え　⑦と⑦ 、 ⑦と⑦ 、 ⑦と⑦

60

---

9 平行と垂直 ③

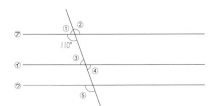

1 図の、⑦、①、⑰の3本の直線は平行です。
①〜⑤の角度を求めましょう。

① 答え **70°**

② 答え **110°**

③ 答え **70°**

④ 答え **70°**

⑤ 答え **110°**

2 図の、⑦と①の直線は平行です。⑰と①の直線も平行です。

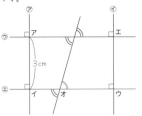

① ウエの長さは何cmですか。
答え **3cm**

② アエの長さは5cmです。イウの長さは何cmですか。
答え **5cm**

③ アイウエの形の名前をかきましょう。
答え **長方形**

④ 点オを通るななめの直線をひきました。A と同じ角度のところに、同じしるしをしましょう。

61

9 平行と垂直 ④

直線⑦に垂直で、点Aを通る直線のひき方

①

②
直線⑦に三角じょうぎをあわせる。

③

④

もう1つの三角じょうぎを直角にして点Aにあわせ、線をひく。

1 点A、B、Cを通り、直線⑦に垂直な直線をひきましょう。

62

9 平行と垂直 ⑤

直線⑦に平行で、点Aを通る直線のひき方

①

②

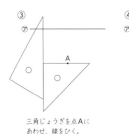

直線⑦に三角じょうぎをあわせ、もう1つの三角じょうぎをおく。

③

④

三角じょうぎを点Aにあわせ、線をひく。

1 点A、Bを通り、直線⑦に平行な直線をひきましょう。

63

10 四角形 ①

向かいあった1組の辺が平行な四角形を、**台形** といいます。

向かいあった2組の辺が平行な四角形を **平行四辺形** といいます。

1 次の図形の中から、台形、平行四辺形を見つけ、記号でかきましょう。

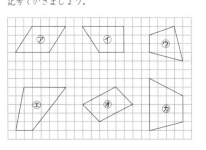

台形 **①、①、⑰**　平行四辺形 **⑦、⑦**

平行四辺形には、次のようなせいしつがあります。

・向かいあった辺の長さが等しい。
・向かいあった角の大きさが等しい。

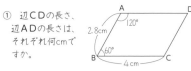

2 平行四辺形ABCDがあります。

① 辺CDの長さ、辺ADの長さは、それぞれ何cmですか。

辺CD= **2.8cm**,　辺AD= **4cm**

② 角C、角Dの大きさは、それぞれ何度ですか。

角C= **120°**,　角D= **60°**

64

130

⑩ 四角形 ②

学習日　月　日　名前

色を
ぬろう

1 方がんを利用して、平行四辺形をかきましょう。

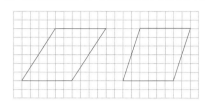

平行四辺形のちょう点A、B、Cから残りの点Dは

<コンパス利用>
コンパスでABの長さをとり、点Cを中心の円をかく。
コンパスでBCの長さをとり、点Aを中心の円をかく。
2つの円の交点がD。

<三角じょうぎ利用>
点Aを通りBCに平行な直線をひく。点Cを通りABに平行な直線をひく。2直線の交点がD。

2 平行四辺形をかきましょう。

① （コンパス）

② （三角じょうぎ）

③ 2辺が3cm、5cmで、その間の角が60°の平行四辺形。

3cm　60°　5cm

65

⑩ 四角形 ③

学習日　月　日　名前

色を
ぬろう

4つの辺の長さがすべて等しい四角形を **ひし形** といいます。ひし形の向かいあった辺は平行で、向かいあった角の大きさは等しくなっています。

1 ひし形をかきましょう。

①

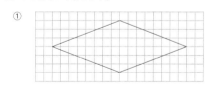

②

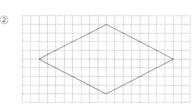

四角形の向かいあうちょう点を結んだ直線を **対角線** といいます。

2 次の四角形の対角線をかきましょう。

① 　②

③ 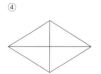　④

66

⑩ 四角形 ④

学習日　月　日　名前

色を
ぬろう

1 次の図は、いろいろな四角形の対角線です。ちょう点にあたるところを結んで四角形をかき、その名前を答えましょう。

① 　②

（ 正方形 ）　（ 平行四辺形 ）

③ 　④

（ 長方形 ）　（ ひし形 ）

2 次のせいしつを持っている四角形を選び、記号で答えましょう。

⑦正方形　⑦四角形　⑦長方形

⑦ひし形　⑦台形　⑦平行四辺形

① 4つの角の大きさが等しいです。

答え　　⑦、⑦

② 平行な辺が2組あります。

答え　　⑦、⑦、⑦、⑦

③ 向かいあった辺の長さが等しいです。

答え　　⑦、⑦、⑦、⑦

④ 対角線の長さが等しいです。

答え　　⑦、⑦

67

⑪ 分数のたし算・ひき算 ①

学習日　月　日　名前

色を
ぬろう

$\frac{1}{2}$ や $\frac{1}{3}$、$\frac{2}{3}$ のように1より小さい分数を **真分数** といいます。$\frac{2}{2}$（=1）、$\frac{3}{3}$（=1）や $\frac{4}{3}$、$\frac{5}{3}$ のように1に等しいか、1より大きい分数を **仮分数** といいます。

1 数直線の上に分数をならべました。真分数と仮分数をかき出しましょう。

0　1　2

真分数 $\frac{1}{3}$、$\frac{2}{3}$、 仮分数 $\frac{3}{3}$、$\frac{4}{3}$、$\frac{5}{3}$、$\frac{6}{3}$

$\frac{4}{3}$ は、$\frac{1}{3}$ が4こ集まった数で、整数1と$\frac{1}{3}$ をあわせた分数で、$1\frac{1}{3}$ とかいて「1と3分の1」と読みます。このような分数を **帯分数** といいます。

2 次の仮分数を帯分数に直しましょう。

① $\frac{5}{3} = 1\frac{2}{3}$ 　② $\frac{7}{6} = 1\frac{1}{6}$

③ $\frac{10}{7} = 1\frac{3}{7}$　④ $\frac{13}{10} = 1\frac{3}{10}$

⑤ $\frac{9}{8} = 1\frac{1}{8}$　⑥ $\frac{7}{5} = 1\frac{2}{5}$

3 次の帯分数を仮分数に直しましょう。

① $1\frac{3}{4} = \frac{7}{4}$ （$1=\frac{4}{4}$　$\frac{4+3}{4}$）　② $1\frac{2}{5} = \frac{7}{5}$

③ $1\frac{1}{8} = \frac{9}{8}$　④ $2\frac{1}{2} = \frac{5}{2}$

⑤ $2\frac{1}{3} = \frac{7}{3}$　⑥ $2\frac{1}{5} = \frac{11}{5}$

68

131

11 分数のたし算・ひき算 ②

1 大きい方に○をつけましょう。

① $\dfrac{1}{3}$ と $\dfrac{2}{3}$　　② $\dfrac{5}{7}$ と $\dfrac{4}{7}$
　（　）（○）　　　　（○）（　）

③ $\dfrac{3}{4}$ と 1　　④ 1 と $\dfrac{6}{5}$
　（　）（○）　　　　（　）（○）

⑤ $\dfrac{9}{8}$ と $1\dfrac{2}{8}$　　⑥ $1\dfrac{1}{10}$ と $\dfrac{12}{10}$
　（　）（○）　　　　（○）（　）

2 次の分数を大きい順にならべましょう。

① $\dfrac{3}{7}$, $\dfrac{5}{7}$, $\dfrac{1}{7}$, $1\dfrac{2}{7}$

　答え $1\dfrac{2}{7}$、$\dfrac{5}{7}$、$\dfrac{3}{7}$、$\dfrac{1}{7}$

② $\dfrac{8}{5}$, $\dfrac{2}{5}$, $\dfrac{6}{5}$, $1\dfrac{4}{5}$

　答え $1\dfrac{4}{5}$、$\dfrac{8}{5}$、$\dfrac{6}{5}$、$\dfrac{2}{5}$

3 分母が10の分数を数直線に表して、小数とくらべました。

① ⑦、④を分数でかきましょう。
　⑦ $\dfrac{3}{10}$,　④ $\dfrac{7}{10}$

② ⑦、④を小数でかきましょう。
　⑦ 0.4,　④ 0.8

4 分母が10の分数で表しましょう。

① $0.1 = \dfrac{1}{10}$　　② $0.3 = \dfrac{3}{10}$

③ $0.7 = \dfrac{7}{10}$　　④ $0.9 = \dfrac{9}{10}$

⑤ $1.1 = \dfrac{11}{10}$　　⑥ $1.7 = \dfrac{17}{10}$

69

11 分数のたし算・ひき算 ③

（$\dfrac{1}{4}$が1こ）　（$\dfrac{1}{4}$が2こ）　（$\dfrac{1}{4}$が3こ）

$\dfrac{1}{4}$　$+$　$\dfrac{2}{4}$　$=$　$\dfrac{3}{4}$

この計算は、$\dfrac{1}{4}$をもとにすると 1＋2 と見ることができます。分子だけのたし算です。

1 次の計算をしましょう。

① $\dfrac{1}{3} + \dfrac{1}{3} = \dfrac{2}{3}$

② $\dfrac{1}{5} + \dfrac{2}{5} = \dfrac{3}{5}$

③ $\dfrac{1}{4} + \dfrac{1}{4} = \dfrac{2}{4}$

④ $\dfrac{1}{7} + \dfrac{3}{7} = \dfrac{4}{7}$

$\dfrac{2}{5} + \dfrac{3}{5} = \dfrac{5}{5} = 1$

2 次の計算をしましょう。

① $\dfrac{1}{3} + \dfrac{2}{3} = \dfrac{3}{3} = 1$

② $\dfrac{3}{4} + \dfrac{1}{4} = \dfrac{4}{4} = 1$

③ $\dfrac{3}{7} + \dfrac{4}{7} = \dfrac{7}{7} = 1$

$\dfrac{5}{6} + \dfrac{2}{6} = \dfrac{7}{6} = \dfrac{6+1}{6} = 1\dfrac{1}{6}$

3 次の計算をしましょう。仮分数は帯分数にしましょう。

① $\dfrac{3}{5} + \dfrac{3}{5} = \dfrac{6}{5} = 1\dfrac{1}{5}$

② $\dfrac{2}{3} + \dfrac{2}{3} = \dfrac{4}{3} = 1\dfrac{1}{3}$

③ $\dfrac{3}{4} + \dfrac{2}{4} = \dfrac{5}{4} = 1\dfrac{1}{4}$

70

11 分数のたし算・ひき算 ④

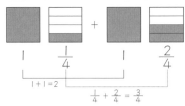

$1 \quad\quad 1\dfrac{1}{4} \quad\quad 1 \quad\quad \dfrac{2}{4}$

1＋1＝2
$\dfrac{1}{4} + \dfrac{2}{4} = \dfrac{3}{4}$

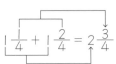

$1\dfrac{1}{4} + 1\dfrac{2}{4} = 2\dfrac{3}{4}$

整数どうし、分数どうしをたし算します。

$1\dfrac{2}{5} + 2\dfrac{4}{5} = 3\dfrac{6}{5}$（$\dfrac{6}{5}=1\dfrac{1}{5}$だね）
　　　　　　 $= 4\dfrac{1}{5}$

1 次の計算をしましょう。

① $1\dfrac{1}{3} + 1\dfrac{1}{3} = 2\dfrac{2}{3}$

② $1\dfrac{2}{5} + 2\dfrac{1}{5} = 3\dfrac{3}{5}$

2 次の計算をしましょう。

① $1\dfrac{3}{4} + 2\dfrac{2}{4} = 3\dfrac{5}{4}$
　　　　　　 $= 4\dfrac{1}{4}$

② $1\dfrac{2}{3} + 1\dfrac{2}{3} = 2\dfrac{4}{3}$
　　　　　　 $= 3\dfrac{1}{3}$

③ $1\dfrac{4}{6} + 1\dfrac{2}{6} = 2\dfrac{6}{6}$
　　　　　　 $= 3$

71

---

11 分数のたし算・ひき算 ⑤

（$\dfrac{1}{4}$が3こ）　（$\dfrac{1}{4}$が2こ）　（$\dfrac{1}{4}$が1こ）

$\dfrac{3}{4}$　$-$　$\dfrac{2}{4}$　$=$　$\dfrac{1}{4}$

この計算は、$\dfrac{1}{4}$をもとにすると 3－2 と見ることができます。分子だけのひき算です。

1 次の計算をしましょう。

① $\dfrac{2}{3} - \dfrac{1}{3} = \dfrac{1}{3}$

② $\dfrac{4}{5} - \dfrac{2}{5} = \dfrac{2}{5}$

③ $\dfrac{7}{8} - \dfrac{1}{8} = \dfrac{6}{8}$

④ $\dfrac{5}{6} - \dfrac{3}{6} = \dfrac{2}{6}$

$\dfrac{6}{5} - \dfrac{1}{5} = \dfrac{5}{5} = 1$

2 次の計算をしましょう。

① $\dfrac{12}{7} - \dfrac{5}{7} = \dfrac{7}{7} = 1$

② $\dfrac{8}{5} - \dfrac{3}{5} = \dfrac{5}{5} = 1$

③ $\dfrac{5}{4} - \dfrac{1}{4} = \dfrac{4}{4} = 1$

$1 - \dfrac{1}{6} = \dfrac{6}{6} - \dfrac{1}{6} = \dfrac{5}{6}$

3 次の計算をしましょう。

① $1 - \dfrac{1}{2} = \dfrac{2}{2} - \dfrac{1}{2} = \dfrac{1}{2}$

② $1 - \dfrac{1}{3} = \dfrac{3}{3} - \dfrac{1}{3} = \dfrac{2}{3}$

③ $1 - \dfrac{3}{4} = \dfrac{4}{4} - \dfrac{3}{4} = \dfrac{1}{4}$

72

11 分数のたし算・ひき算 ⑥

学習日 月 日　名前

色をぬろう わからない だいたい できた!

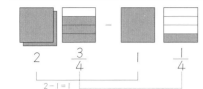

$$2 - \frac{3}{4} - 1 \quad \frac{1}{4}$$

2－1＝1

$$\frac{3}{4} - \frac{1}{4} = \frac{2}{4}$$

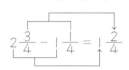

$$2\frac{3}{4} - 1\frac{1}{4} = 1\frac{2}{4}$$

整数どうし、分数どうしをひき算します。

1 次の計算をしましょう。

① $2\frac{3}{5} - 1\frac{1}{5} = \boxed{1\frac{2}{5}}$

② $3\frac{5}{6} - 1\frac{1}{6} = \boxed{2\frac{4}{6}}$

$$2\frac{1}{3} - 1\frac{2}{3} = 1\frac{4}{3} - 1\frac{2}{3}$$
$$= \frac{2}{3}$$

（吹き出し）$2\frac{1}{3}$を$1\frac{4}{3}$へ

2 次の計算をしましょう。

① $2\frac{1}{4} - 1\frac{3}{4} = \boxed{1\frac{5}{4} - 1\frac{3}{4}}$
$$= \boxed{\frac{2}{4}}$$

② $3\frac{1}{5} - 1\frac{4}{5} = \boxed{2\frac{6}{5} - 1\frac{4}{5}}$
$$= \boxed{1\frac{2}{5}}$$

③ $1\frac{1}{6} - \frac{5}{6} = \boxed{\frac{7}{6} - \frac{5}{6}}$
$$= \boxed{\frac{2}{6}}$$

73

---

11 分数のたし算・ひき算 ⑦ まとめ

学習日 月 日　名前

ごうかく 80～100点

1 仮分数は帯分数に、帯分数は仮分数に直しましょう。　(1つ5点)

① $\frac{7}{3} = 2\frac{1}{3}$　② $\frac{8}{5} = 1\frac{3}{5}$

③ $1\frac{1}{4} = \frac{5}{4}$　④ $2\frac{1}{6} = \frac{13}{6}$

2 大きい方に○をつけましょう。　(1つ5点)

① $\frac{1}{4}$ と $\frac{2}{4}$　② $\frac{6}{5}$ と $\frac{4}{5}$
　（　）（○）　　（○）（　）

③ 1 と $\frac{5}{6}$　④ $1\frac{1}{7}$ と $\frac{9}{7}$
　（○）（　）　　（　）（○）

3 分母が10の分数で表しましょう。　(1つ10点)

① $0.3 = \boxed{\frac{3}{10}}$　② $1.3 = \boxed{\frac{13}{10}}$

4 次の計算をしましょう。仮分数は帯分数にしましょう。　(1つ5点)

① $\frac{2}{5} + \frac{1}{5} = \frac{3}{5}$

② $\frac{1}{3} + \frac{1}{3} = \frac{2}{3}$

③ $1\frac{3}{4} + 1\frac{1}{4} = 2\frac{4}{4} = 3$

④ $1\frac{4}{5} + 1\frac{3}{5} = 2\frac{7}{5} = 3\frac{2}{5}$

⑤ $\frac{2}{3} - \frac{1}{3} = \frac{1}{3}$

⑥ $\frac{3}{5} - \frac{2}{5} = \frac{1}{5}$

⑦ $2\frac{4}{5} - 1\frac{2}{5} = 1\frac{2}{5}$

⑧ $3\frac{2}{5} - 1\frac{4}{5} = 2\frac{7}{5} - 1\frac{4}{5} = 1\frac{3}{5}$

74

---

12 変わり方 ①

学習日 月 日　名前

色をぬろう わからない だいたい できた!

変わり方を調べるとき、表を使うと関係がはっきりすることがあります。

1 1辺が1cmの正三角形を、図のようにならべます。

1cm　1こ　2こ　3こ

① 正三角形の数と、まわりの長さの関係を表にまとめましょう。

正三角形の数（こ）	1	2	3	4	5
まわりの長さ（cm）	3	4	5	6	7

② 正三角形の数を○、まわりの長さを□とすると、どんな式が成り立ちますか。

式 $\boxed{□＝○＋2}$

③ 正三角形が10このとき、まわりの長さを求めましょう。

式 $\underline{10＋2＝12}$　答え 12cm

2 1辺が1cmの正方形を、図のようにならべます。

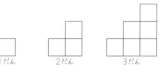

1だん　2だん　3だん

① だんの数と、まわりの長さの関係を表にまとめましょう。

だんの数（だん）	1	2	3	4	5
まわりの長さ（cm）	4	8	12	16	20

② だんの数を○、まわりの長さを□とすると、どんな式が成り立ちますか。

式 $\boxed{□＝○×4}$

③ だんの数が7のとき、まわりの長さを求めましょう。

式 $\underline{7×4＝28}$　答え 28cm

75

---

12 変わり方 ②

学習日 月 日　名前

1 マッチぼうを使って、図のように三角形を横につなげます。

1　2　3

① 三角形の数とマッチぼうの数の関係を表にまとめましょう。

三角形の数（こ）	1	2	3	4	5
マッチぼうの数（本）	3	5	7	9	11

② 三角形の数を○、マッチぼうの数を□とすると、どんな式が成り立ちますか。

式 $\boxed{□＝2×○＋1}$

③ 三角形の数が8のとき、マッチぼうの数を求めましょう。

式 $\underline{2×8＋1＝17}$　答え 17本

2 横の長さが2cmで、たての長さが変わる長方形があります。

長方形のたての長さに対する長方形の面積を調べます。

① 長方形のたての長さと、長方形の面積の関係を表にまとめましょう。

たての長さ（cm）	1	2	3	4	5
面積（cm²）	2	4	6	8	10

② 長方形のたての長さを○、面積を□とすると、どんな式が成り立ちますか。

式 $\boxed{□＝○×2}$

③ 長方形のたての長さが9cmのとき、面積を求めましょう。

式 $\underline{9×2＝18}$　答え 18cm²

76

133

２まいのシートの広さをくらべます。
右のようにシートを重ねると、大きい方が広くなります。

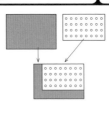

シートは重ねることができますが、校庭などは重ねることができません。

そこで、長さと同じように広さのきまりをつくります。広さのことを **面積** といいます。
｜辺が｜cmの正方形の面積を｜cm² とかいて **１平方センチメートル** と読みます。

❶ ｜cm² の練習をしましょう。

｜cm²　｜cm²　｜cm²　｜cm²　｜cm²

❷ 次の面積は、何cm² ですか。

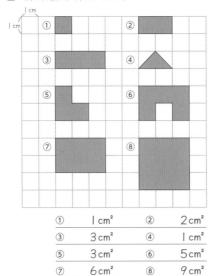

①	｜cm²	②	２cm²
③	３cm²	④	｜cm²
⑤	３cm²	⑥	５cm²
⑦	６cm²	⑧	９cm²

77

｜cm² の正方形の数が何こあるかで、面積を求めることができます。長方形や正方形の面積は、たてと横の長さをはかり、次の公式で求められます。

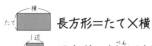

長方形＝たて×横

正方形＝｜辺×｜辺

❶ 次の長方形の面積を求めましょう。

① 式　3×4＝12
答え　12cm²

② 式　4×2＝8
答え　8cm²

❷ 次の正方形の面積を求めましょう。

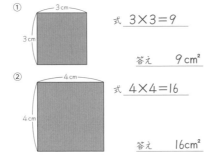

① 式　3×3＝9
答え　9cm²

② 式　4×4＝16
答え　16cm²

❸ 次の図形の面積を求めましょう。

① たてが15cm、横が20cmの長方形
式　15×20＝300
答え　300cm²

② ｜辺の長さが20cmの正方形
式　20×20＝400
答え　400cm²

78

---

❶ 次の図形の長さをはかり、面積を求めましょう。

① 式　5×5＝25
答え　25cm²

② 式　8×4＝32
答え　32cm²

❷ 次の長方形のたてや横の長さを求めましょう。

① 式　18÷6＝3
答え　3cm

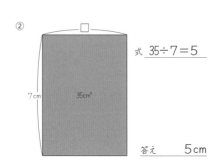

② 式　35÷7＝5
答え　5cm

79

---

❶ 次の図形の面積を求めましょう。

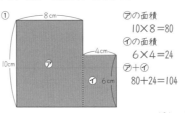

①
⑦の面積
10×8＝80
⑦の面積
6×4＝24
⑦＋⑦
80＋24＝104
答え　104cm²

②
⑦の面積
4×8＝32
⑦の面積
6×12＝72
⑦＋⑦
32＋72＝104
答え　104cm²

❷ 次の図形の面積を求めましょう。

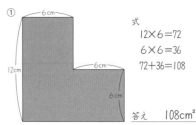

①
式
12×6＝72
6×6＝36
72＋36＝108
答え　108cm²

②
式
6×10＝60
8×(10－6)
＝8×4＝32
60＋32＝92
答え　92cm²

80

134

1 図形の面積を求めましょう。

①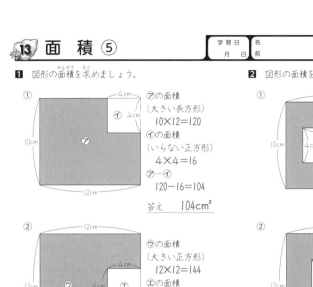

⑦の面積
（大きい長方形）
10×12＝120
⑦の面積
（いらない正方形）
4×4＝16
⑦－⑦
120－16＝104

答え　104cm²

②

⑦の面積
（大きい正方形）
12×12＝144
⑦の面積
（いらない正方形）
4×4＝16
⑦－⑦
144－16＝128

答え　128cm²

2 図形の面積を求めましょう。

①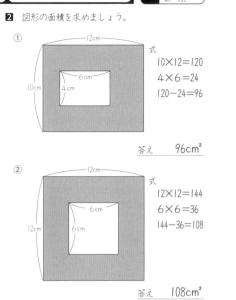

式
10×12＝120
4×6＝24
120－24＝96

答え　96cm²

②

式
12×12＝144
6×6＝36
144－36＝108

答え　108cm²

81

1 次の図形の ■部分の面積を求めましょう。

①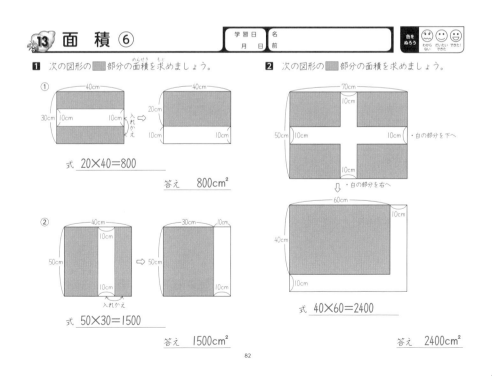

入れかえ

式　20×40＝800

答え　800cm²

②

入れかえ

式　50×30＝1500

答え　1500cm²

2 次の図形の ■部分の面積を求めましょう。

①

・白の部分を下へ

↓・白の部分を右へ

式　40×60＝2400

答え　2400cm²

82

1 次の図形の ■部分の面積を求めましょう。

①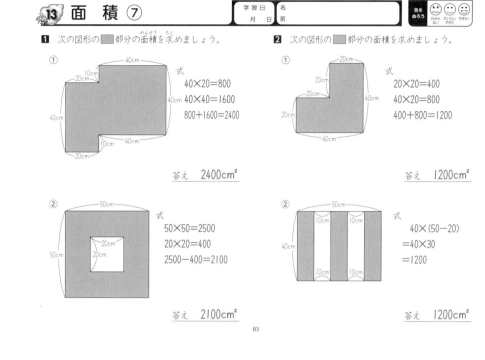

式
40×20＝800
40×40＝1600
800＋1600＝2400

答え　2400cm²

②

式
50×50＝2500
20×20＝400
2500－400＝2100

答え　2100cm²

2 次の図形の ■部分の面積を求めましょう。

①

式
20×20＝400
40×20＝800
400＋800＝1200

答え　1200cm²

②

式
40×（50－20）
＝40×30
＝1200

答え　1200cm²

83

1辺の長さが1mの正方形の面積を1m²とかいて、1平方メートル と読みます。

1 1m²の練習をしましょう。

1m²　1m²　1m²　1m²　1m²　1m²

2 次の長方形の面積を求めましょう。

①

式　2×3＝6

答え　6m²

② たての長さが5m、横の長さが7mの長方形

式　5×7＝35

答え　35m²

3 次の正方形の面積を求めましょう。

①

式　2×2＝4

答え　4m²

②

式　3×3＝9

答え　9m²

③ 1辺の長さが10mの正方形

式　10×10＝100

答え　100m²

84

135

13 面 積 ⑨

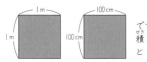

1m＝100cm
です。1m²の面
積をcm²で表す
と

$$100×100＝10000（cm²）$$
$$1m²＝10000cm²$$
0が4つ

1 次の図形の面積は何cm²ですか。また、それは何m²ですか。

3m＝300cm
なので、

式　80×300＝24000

また、10000cm²＝1m² なので

答え　24000cm²　2.4m²

2 次の図形の面積は何cm²ですか。また、それは何m²ですか。

①

式　60×200＝12000

答え　12000cm²　1.2m²

②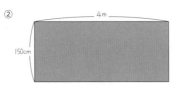

式　150×400＝60000

答え　60000cm²　6m²

85

13 面 積 ⑩

1辺の長さが1kmの正方形の面積
を1km²とかいて、1平方キロメー
トル と読みます。
都市や市町村などの広い面積を表
すときに使います。

1km＝1000m
です。1km²の
面積をm²で表す
と

$$1000×1000＝1000000（m²）$$
$$1km²＝1000000m²$$
0が6つ

1 1km²の練習をしましょう。

1km² 1km² 1km² 1km² 1km²

2 次の長方形の面積を求めましょう。

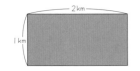

式　1×2＝2

答え　2km²

3 次の土地の面積は何m²ですか。また、それは何km²ですか。

2km＝2000m
だから

式　600×2000＝1200000

また、1000000m²＝1km² なので

答え　1200000m²　1.2km²

86

13 面 積 ⑪

面積の単位には、cm²、m²、km²のほかに
1a（アール）、1ha（ヘクタール）
などもあります。1m²より広く、1km²よりせまい
畑などの面積を表すときに使います。

1a（アール）　1辺10mの正方形

1辺10mの正方形の面積は
10×10＝100（m²）より

$$1a＝100m²$$

1ha（ヘクタール）
1辺100mの正方形

1辺100mの正方形の面積は
100×100＝10000（m²）より

$$1ha＝10000m²$$

1 たてが20m、横が40mの畑があります。畑の面積は何aですか。また何m²ですか。

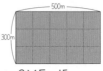

1辺が10mの正方形
に区切ると左のように
なります。

式　2×4＝8

また、1a＝100m²なので

答え　8a　800m²

2 たてが300m、横が500mの畑があります。畑の面積は何haですか。また何m²ですか。

1辺が100mの正
方形に区切って考え
ましょう。

式　3×5＝15

答え　15ha　150000m²

87

13 面 積 ⑫ まとめ

1 次の図形の面積を求めましょう。（式・答え各5点）

① たてが3cm、横が5cmの長方形の面積

式　3×5＝15

答え　15cm²

② 1辺の長さが8cmの正方形の面積

式　8×8＝64

答え　64cm²

③ たてが6m、横が3mの長方形の面積

式　6×3＝18

答え　18m²

④ 1辺の長さが7mの正方形の面積

式　7×7＝49

答え　49m²

⑤ たてが4km、横が8kmの長方形の面積

式　4×8＝32

答え　32km²

2 たて70cm、横2mの長方形の面積は何cm²ですか。また、それは何m²ですか。（式・答え各10点）

式　70×200＝14000

答え　14000cm²　1.4m²

3 次の面積を求めましょう。（式・答え各5点）

① ⑦の長方形の面積

式　7×5＝35

答え　35m²

② ④の正方形の面積

式　2×2＝4

答え　4m²

③ ■部分の面積

式　35−4＝31

答え　31m²

88

136

14 小数のかけ算・わり算 ①

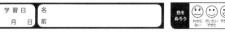 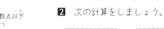

学習日　月　日　名前

色をぬろう　わからない　だいたい　できた!

1.2×3 の筆算を考えます。
1.2 は 0.1 が12こ分です。
0.1 で考えれば、12×3で
36こで、答えは 3.6 です。

```
  1.2  ← 小数点以下 1つ
×   3
  3.6  ← 小数点を1つ 左へおくり打つ
```

① 右にそろえて数をかく。
② ふつうにかけ算をする。
③ 小数点を打つ。

1 次の計算をしましょう。

① 6.8 × 8 = 54.4
② 7.9 × 7 = 55.3
③ 6.7 × 6 = 40.2
④ 4.9 × 7 = 34.3
⑤ 6.8 × 9 = 61.2
⑥ 2.8 × 4 = 11.2

2 次の計算をしましょう。

① 3.6 × 9 = 32.4
② 7.6 × 4 = 30.4
③ 3.5 × 3 = 10.5
④ 3.9 × 6 = 23.4
⑤ 5.8 × 9 = 52.2
⑥ 2.6 × 4 = 10.4
⑦ 1.5 × 8 = 12.0
⑧ 4.5 × 4 = 18.0
⑨ 8.5 × 6 = 51.0
⑩ 4.8 × 5 = 24.0
⑪ 3.5 × 4 = 14.0
⑫ 7.2 × 5 = 36.0

89

14 小数のかけ算・わり算 ②

学習日　月　日　名前

色をぬろう　わからない　だいたい　できた!

1 次の計算をしましょう。

① 23.4 × 3 = 70.2
② 31.4 × 7 = 219.8
③ 42.8 × 6 = 256.8
④ 52.3 × 9 = 470.7
⑤ 32.4 × 5 = 162.0
⑥ 27.6 × 5 = 138.0
⑦ 42.5 × 8 = 340.0
⑧ 51.5 × 6 = 309.0

2 次の計算をしましょう。

① 2.73 × 6 = 16.38
② 3.76 × 3 = 11.28
③ 4.13 × 4 = 16.52
④ 5.39 × 8 = 43.12
⑤ 5.36 × 5 = 26.80
⑥ 2.45 × 8 = 19.60
⑦ 6.25 × 4 = 25.00
⑧ 7.25 × 8 = 58.00

90

14 小数のかけ算・わり算 ③

学習日　月　日　名前

色をぬろう　わからない　だいたい　できた!

1 次の計算をしましょう。

① 2.7 × 34 → 108 / 81 / 91.8
② 1.8 × 39 → 162 / 54 / 70.2
③ 3.4 × 29 → 306 / 68 / 98.6
④ 2.4 × 24 → 96 / 48 / 57.6
⑤ 5.7 × 16 → 342 / 57 / 91.2
⑥ 2.3 × 28 → 184 / 46 / 64.4

2 次の計算をしましょう。

① 2.7 × 29 → 243 / 54 / 78.3
② 3.7 × 24 → 148 / 74 / 88.8
③ 4.7 × 17 → 329 / 47 / 79.9
④ 3.5 × 28 → 280 / 70 / 98.0
⑤ 2.6 × 25 → 130 / 52 / 65.0
⑥ 1.5 × 64 → 60 / 90 / 96.0

91

14 小数のかけ算・わり算 ④

学習日　月　日　名前

色をぬろう　わからない　だいたい　できた!

1 次の計算をしましょう。

① 2.3 × 87 → 161 / 184 / 200.1
② 6.3 × 63 → 189 / 378 / 396.9
③ 8.7 × 92 → 174 / 783 / 800.4
④ 6.5 × 39 → 585 / 195 / 253.5

2 次の計算をしましょう。

① 8.9 × 23 → 267 / 178 / 204.7
② 2.7 × 76 → 162 / 189 / 205.2
③ 4.8 × 75 → 240 / 336 / 360.0
④ 3.5 × 56 → 210 / 175 / 196.0

92

14 小数のかけ算・わり算 ⑤

学習日　月　日　名前　　色をぬろう

1 次の計算をしましょう。

①
```
    5.31
  ×   73
   1593
  3717
 387.63
```

②
```
    7.24
  ×   86
   4344
  5792
 622.64
```

③
```
    6.48
  ×   64
   2592
  3888
 414.72
```

④
```
    9.56
  ×   53
   2868
  4780
 506.68
```

2 次の計算をしましょう。

①
```
    2.08
  ×   67
   1456
  1248
 139.36
```

②
```
    6.07
  ×   58
   4856
  3035
 352.06
```

③
```
    7.14
  ×   35
   3570
  2142
 249.90
```

④
```
    5.25
  ×   78
   4200
  3675
 409.50
```

93

14 小数のかけ算・わり算 ⑥

学習日　月　日　名前　　色をぬろう

長さ3.9mのリボンを3人で等しく分けるとき、1人分の長さを考えます。

リボン　　　3.9(m)
人数　1　2　3

3.9÷3 を筆算の形にかきます。
3.9の3の上に商1をたてて、
かけて（3×1＝3）、
ひきます（3－3＝0）。

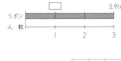

次にわられる数の小数点を、商のところに打ちます。
わられる数の9をおろします。
0.9は0.1が9こ分なので、商3をたてて、かけて、ひきます。
商は1.3になります。

じっさいに筆算するときは、
① 商のところに小数点を打つ。
② ふつうのわり算をする。

1 次の計算をしましょう。

①
```
     1.2
  4)4.8
    4
     8
     8
     0
```

②
```
     3.2
  3)9.6
    9
     6
     6
     0
```

③
```
     3.2
  2)6.4
    6
     4
     4
     0
```

④
```
     2.5
  3)7.5
    6
    15
    15
     0
```

⑤
```
     1.4
  6)8.4
    6
    24
    24
     0
```

⑥
```
     2.8
  2)5.6
    4
    16
    16
     0
```

94

14 小数のかけ算・わり算 ⑦

学習日　月　日　名前　　色をぬろう

1 次の計算をしましょう。

①
```
      6.8
  8)54.4
    48
     64
     64
      0
```

②
```
      7.9
  7)55.3
    49
     63
     63
      0
```

③
```
      6.7
  6)40.2
    36
     42
     42
      0
```

④
```
      6.8
  9)61.2
    54
     72
     72
      0
```

2 次の計算をしましょう。

①
```
     2.8
  4)11.2
    8
     32
     32
      0
```

②
```
     3.5
  3)10.5
    9
     15
     15
      0
```

③
```
      7.6
  2)15.2
    14
     12
     12
      0
```

④
```
      7.5
  5)37.5
    35
     25
     25
      0
```

95

14 小数のかけ算・わり算 ⑧

学習日　月　日　名前　　色をぬろう

1 次の計算をしましょう。

①
```
     23.4
  4)93.6
    8
    13
    12
     16
     16
      0
```

②
```
     25.4
  3)76.2
    6
    16
    15
     12
     12
      0
```

③
```
     48.6
  2)97.2
    8
    17
    16
     12
     12
      0
```

④
```
     13.5
  5)67.5
    5
    17
    15
     25
     25
      0
```

2 次の計算をしましょう。

①
```
     16.3
  6)97.8
    6
    37
    36
     18
     18
      0
```

②
```
     13.4
  7)93.8
    7
    23
    21
     28
     28
      0
```

③
```
     17.3
  5)86.5
    5
    36
    35
     15
     15
      0
```

④
```
     26.7
  2)53.4
    4
    13
    12
     14
     14
      0
```

96

⑭ 小数のかけ算・わり算 ⑨

学習日 月 日　名前

色をぬろう（わからない／だいたい／できた！）

7.3÷3 の計算をします。

商は $\frac{1}{10}$ の位まで求めて、あまりを出します。

あまりは、わられる数の小数点を下におろして、0.1になります。

```
    2.4
3）7.3
  6
  1 3
  1 2
    0.1
```

2 商は、一の位まで求め、あまりを出しましょう。

```
①   1 5.
 3）4 7.6
   3
   1 7
   1 5
     2.6
```

```
②   1 8.
 4）7 4.2
   4
   3 4
   3 2
     2.2
```

1 商は、$\frac{1}{10}$ の位まで求め、あまりを出しましょう。

```
①   2.3
 4）9.5
   8
   1 5
   1 2
     0.3
```

```
②   1.4
 6）8.8
   6
   2 8
   2 4
     0.4
```

```
③   2.7
 3）8.3
   6
   2 3
   2 1
     0.2
```

3 商は、$\frac{1}{10}$ の位まで求め、あまりを出しましょう。

```
①   6.2
 7）4 3.5
   4 2
   1 5
   1 4
     0.1
```

```
②   5.8
 9）5 2.6
   4 5
   7 6
   7 2
     0.4
```

97

---

⑭ 小数のかけ算・わり算 ⑩

学習日 月 日　名前

色をぬろう（わからない／だいたい／できた！）

1 わり切れるまで計算をしましょう。

```
①   5.5
 2）1 1
   1 0
     1 0
     1 0
       0
```

```
②   2.5
 6）1 5
   1 2
     3 0
     3 0
       0
```

```
③   3.25
 4）1 3
   1 2
     1 0
       8
     2 0
     2 0
       0
```

```
④   2.25
 8）1 8
   1 6
     2 0
     1 6
     4 0
     4 0
       0
```

わり算の商を求めるとき、商を四捨五入して $\frac{1}{10}$ の位までのがい数で表すときがあります。このとき商は、$\frac{1}{100}$ の位まで求めます。求めた商が、たとえば

23.45 なら四捨五入して 23.4̇5̇ で、
23.44 なら四捨五入して 23.4̇4̇ です。

四捨五入する数が
0、1、2、3、4 …… 切りすて
5、6、7、8、9 …… 切り上げ
です。

2 次の数を四捨五入して、$\frac{1}{10}$ の位までのがい数を求めましょう。

① 36.32　　　答え　36.3

② 47.56　　　答え　47.6

③ 51.28　　　答え　51.3

98

---

⑭ 小数のかけ算・わり算 ⑪

学習日 月 日　名前

色をぬろう（わからない／だいたい／できた！）

1 商は、四捨五入して $\frac{1}{10}$ の位までのがい数で求めましょう。

```
①     9.77
 7）6 8.4
   6 3
     5 4
     4 9
       5 0
       4 9
         1
```

```
②     7.24
 9）6 5.2
   6 3
     2 2
     1 8
       4 0
       3 6
         4
```

商　9.77を
四捨五入して
答え　9.8

商　7.24を
四捨五入して
答え　7.2

2 赤のテープ2m、青のテープ6m、黄色のテープ5mの3本のテープがあります。

① 青のテープは、赤のテープの何倍ですか。

式　6÷2＝3

答え　3倍

② 黄色のテープは、赤のテープの何倍ですか。

式　5÷2＝2.5

答え　2.5倍

③ 赤のテープは、黄色のテープの何倍ですか。

式　2÷5＝0.4

答え　0.4倍

④ 青のテープは、黄色のテープの何倍ですか。

式　6÷5＝1.2

答え　1.2倍

99

---

⑭ 小数のかけ算・わり算 ⑫ まとめ

学習日 月 日　名前

ごうかく 80～100点

1 次の計算をしましょう。　　　　（1つ8点）

```
①   6.9
 ×   9
   6 2.1
```

```
②   5.9
 ×   7
   4 1.3
```

```
③   4.5
 ×   8
   3 6.0
```

```
④     2.3
 ×   3 4
     9 2
   6 9
   7 8.2
```

```
⑤     1.6
 ×   3 2
     3 2
   4 8
   5 1.2
```

```
⑥     5.6
 ×   1 3
   1 6 8
   5 6
   7 2.8
```

```
⑦     6.4
 ×   6 3
   1 9 2
 3 8 4
 4 0 3.2
```

```
⑧     8.9
 ×   2 4
   3 5 6
 1 7 8
 2 1 3.6
```

2 次の計算をしましょう。　　　　（1つ8点）

```
①   6.9
 8）5 5.2
   4 8
     7 2
     7 2
       0
```

```
②   3.8
 4）1 5.2
   1 2
     3 2
     3 2
       0
```

3 4mの重さが10.4kgのパイプがあります。
このパイプ1mの重さは何kgですか。

（式・答え各10点）

式　10.4÷4＝2.6

```
    2.6
4）1 0.4
   8
   2 4
   2 4
     0
```

答え　2.6kg

100

139

15 直方体・立方体 ①

箱の形の外側で、平らな部分を **面** といいます。面と面のさかいの線を **辺** といい、辺と辺が重なる角を **ちょう点** といいます。

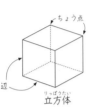

直方体

面の形が長方形だけか、長方形と正方形でかこまれている形を **直方体** といいます。

面の形が、正方形だけでかこまれている形を **立方体** といいます。

直方体や立方体の面は、**平面** ともいいます。

立方体

直方体や立方体を表した上のような図を **見取図** といいます。見取図では、うら側の見えない部分の辺やちょう点は点線（………）でかきます。

1 次の見取図を完成させましょう。

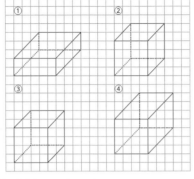

2 表を完成させましょう。

	直方体	立方体
面の数	6	6
辺の数	12	12
ちょう点の数	8	8

101

15 直方体・立方体 ②

立体を辺にそって切り開いて、平面の上に広げた図を **展開図** といいます。

1 次の直方体の展開図をかきましょう。

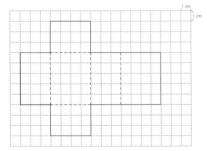

2 1辺の長さが3cmの立方体の展開図をかきましょう。

右は立方体の展開図です。

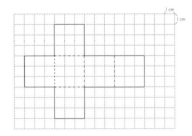

102

15 直方体・立方体 ③

1 直方体や立方体の向かいあった2つの面は平行です。

面アイウエに平行な面はどれですか。

面オカキク

2 直方体や立方体のとなりあった2つの面は垂直です。

面オカキクと垂直な面はどれですか。
すべて答えましょう。

面アオカイ　　**面イカキウ**
面ウキクエ　　**面エクオア**

※ 面オカキクに垂直な辺は、辺アオ、辺イカ、辺ウキ、辺エクの4つあります。

3 直方体の面イカキウに垂直な辺はどれですか。
すべて答えましょう。

辺アイ　　**辺オカ**
辺クキ　　**辺エウ**

4 直方体があります。

① 辺アオに垂直な辺はどれですか。

辺アイ　　**辺アエ**
辺オカ　　**辺オク**

② 辺アオに平行な辺はどれですか。

辺イカ　　**辺ウキ**　　**辺エク**

103

15 直方体・立方体 ④

1 右の図は、直方体の展開図です。

この展開図を組み立てた立体を思いうかべて答えましょう。

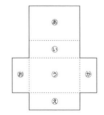

① 面あと平行な面は、どれですか。

答え　　面⑤

② 面いと平行な面は、どれですか。

答え　　面え

③ 面⑤と垂直な面は、4つあります。どれですか。

答え　　面い、面か、面え、面お

2 右の図は、立方体の展開図です。

この展開図を組み立てた立体を思いうかべて答えましょう。

① 面あと平行な面は、どれですか。

答え　　面か

② 面いと平行な面は、どれですか。

答え　　面え

③ 面⑤と垂直な面は、4つあります。どれですか。

答え　　面あ、面え、面か、面い

104

140

15 位置の表し方

1 点アの位置をもとにして、（たて，横，高さ）の3つの数字で位置を表します。

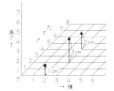

① ↑の位置を表しましょう。

（たて4cm，横3cm，高さ2cm）

② ↗の位置を表しましょう。

（たて2cm，横3cm，高さ3cm）

③ ↘の位置を表しましょう。

（たて0cm，横2cm，高さ1cm）

2 点アの位置をもとにして、（たて，横，高さ）の3つの数字で位置を表します。

① ⑦の位置を表しましょう。

（たて4m，横8m，高さ8m）

② ⑦の位置を表しましょう。

（たて8m，横4m，高さ8m）

③ ①の位置を表しましょう。

（たて8m，横8m，高さ6m）

105

---

16 特別ゼミ　わり算のたしかめ

94÷4を計算すると、商が23で、あまりが2になります。

このわり算の商やあまりが正しいことは

$4×23+2$

を計算して、94になることをたしかめます。

この式をたしかめの式ということにします。

わられる数 ＝ わる数 × 商 ＋ あまり

この式は、いつでも成り立つ式です。

1 次の計算をして、たしかめをしましょう。

```
      1 6
17)2 7 6
    1 7
    1 0 6
    1 0 2
        4
```

たしかめ　17×16+4=272+4
　　　　　　　　　　　　=276

```
    1 7
  × 1 6
  1 0 2
  1 7
  2 7 2
```

2 ある整数を7でわると、商とあまりが同じになる数のうちもっとも大きい数を求めます。

① 7でわるとき、あまりとして使える数をかきましょう。

答え 1、2、3、4、5、6

② ①の中でもっとも大きい数はどれですか。

答え　　6

③ 求める数を、わり算のたしかめの式を使って求めましょう。

式　7×6+6=48

答え　48

3 ある整数を6でわると、商とあまりが同じになる数のうちもっとも大きい数を求めましょう。

式　6×5+5=35

答え　35

106

---

16 特別ゼミ　時計と角度 ①

時計の読み方は1年生から学習し、角度については4年生で学習しました。

右の時計は、9時ちょうどを表しています。長いはりと短いはりのつくる角度は90°です。

2 次の時計の長いはりと、短いはりがつくる角度は、何度ですか。

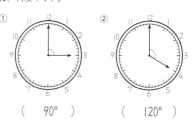

①　（　90°　）

②　（　120°　）

1 次の時計の長いはりと、短いはりのつくる角度は、何度ですか。

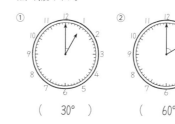

①　（　30°　）

②　（　60°　）

③　（　150°　）

④　（　180°　）

107

---

16 特別ゼミ　時計と角度 ②

時計の短いはりは、30分で30°の半分15°進みます。

時計の短いはりは、10分で15°の3分の1の5°進みます。

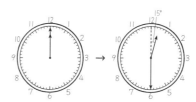

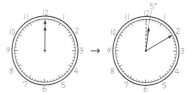

1 次の時計の長いはりと、短いはりのつくる小さい角度は何度ですか。

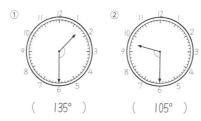

①　（　135°　）

②　（　105°　）

2 次の時計の長いはりと、短いはりのつくる小さい角度は何度ですか。

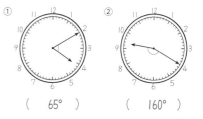

①　（　65°　）

②　（　160°　）

108

141

16 特別ゼミ　規則性の発見①

はじめ、りんごが1こありました。1分後、りんごは2こになっていました。

（はじめ）

2分後、見てみると、りんごは3こになっていました。

（1分後）

同じようなことが、続くとすれば、3分後、りんごは4こになります。

（2分後）

1分たてば、りんごは1こずつふえているから、すぐにわかります。

これを数字におきかえて、ふえている数を調べます。2つの数の差（大きい数から小さい数をひく）をとります。

はじめ　1分後　2分後　3分後
1　　2　　3　　4
2−1=1　3−2=1　4−3=1

変化のようすを調べるとき、差をとる方法があります。

1　次の数のならびは、あるきまりにしたがっています。□にあてはまる数をかきましょう。

① 1 − 3 − 5 − 7 − 9
② 4 − 8 − 12 − 16 − 20
③ 9 − 12 − 15 − 18 − 21
④ 17 − 15 − 13 − 11 − 9

2　ご石を右のようにならべます。このきまりにしたがうとき、表を完成し、きまりをかきましょう。

回　数	1	2	3	4	5
ご石の数（こ）	4	8	12	16	20

答え　4こずつふえる

109

---

16 特別ゼミ　規則性の発見②

ある不思議な生物は、1分たつと、2こにふえます。

はじめ、この生物が1こあります。

はじめ
1分
2分

1分後、生物は2こにふえていました。2分後、生物は4こにふえていました。3分後どうなったかというと、2倍の8こになっていました。

1分たてば、生物は2倍にふえるのです。

これを数字におきかえて、ふえる数を調べます。2つの数の比（後ろの数を前の数でわる）をとって調べます。

はじめ　1分後　2分後　3分後
1　　2　　4　　8
2÷1=2　4÷2=2　8÷4=2

このように、変化のようすを調べるときの1つの方法として、比をとる方法があります。

1　次の数のならびは、あるきまりにしたがっています。□にあてはまる数をかきましょう。

① 1 − 3 − 9 − 27 − 81
② 1 − 5 − 25 − 125 − 625
③ 4 − 8 − 16 − 32 − 64
④ 64 − 32 − 16 − 8 − 4

2　ある宇宙生物は、1分たつと、1こが3こに分かれてふえます。コップの中にこの生物を1こ入れると、5分後にコップいっぱいになりました。表を完成し、きまりをかきましょう。

時　間	はじめ	1分後	2分後	3分後	4分後	5分後
生物の数	1	3	9	27	81	243

答え　3倍にふえる

110

---

16 特別ゼミ　グループ分け

1　右のようなカレンダーがあります。□にあてはまる数をかきましょう。

日	月	火	水	木	金	土
			1	2	3	4
5	6	7	8	9	10	11
12	13	14	15	16	17	18
19	20	21	22	23	24	25
26	27	28	29	30	31	

① □でかこんだ3つの数は、と順に7ずつ大きくなります。この3つの数をたしたものは

5 − 12 − 19
　7　7

$5+12+19=12×3$

② □でかこんだ4つの数をななめにたすと

$15+23=38$　，$16+22=38$

で、同じになります。

2　1〜30までの整数を、3でわったときのあまりで、次のように分けます。

グループA：あまり0（3，6，9，…）
グループB：あまり1（1，4，7，…）
グループC：あまり2（2，5，8，…）

① 13はAからCのどのグループに入りますか。

答え　グループB

② 14はAからCのどのグループに入りますか。

答え　グループC

③ 13と14をたした数は、AからCのどのグループに入りますか。

答え　グループA

111

---

16 特別ゼミ　面積図

4年生で面積の学習をしました。長方形の面積の公式は次のようでした。

長方形の面積＝たて×横

これからしょうかいする面積図は、ちょくせつ図形の面積とは関係ありませんが、

かめ1ぴきの足の数×かめの数＝全部の足の数
えんぴつ1本のねだん×買った数＝代金

など、かけ算をして、全部の数や代金などを、目に見える長方形の形で表せるのが特色です。

かめ6ぴきの足の数なら右のようにかきます。

4本　24本　6ぴき

1本50円のえんぴつ7本の代金なら右のようにかきます。

50円　350円　7本

これが面積図のきほんです。

1　1こ50円のあめと、1こ80円のチョコレートをあわせて10こ買いました。ところが店員が、あめとチョコレートのねだんを反対にしたため、120円高くなりました。

① 面積図をかくと右のようになります。

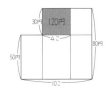
30円　120円　4こ　80円　50円　10こ

の部分の120円は、あめと、チョコレートのねだんの差（80−50=30）30円の集まりです。

120÷30を計算すると4が出ます。これがあめとチョコレートの数の差になります。

あめとチョコレートはそれぞれ何こ買いましたか。

式　10−4=6，6÷2=3

答え　あめ7こ、チョコレート3こ

② 正しい代金を求めましょう。

式　50×7+80×3=590

答え　590円

112

142

学習日　月　日　名前

いろをぬろう　わからない　だいたい　できた！できた

2つの数の和（たし算の答え）や差（ひき算の答え）に注目して、数を求める問題を考えてみましょう。

1 大きい数と小さい数があります。この2つの数の和は60で、その差は16になります。

① 次の図の□にあてはまる数をかきましょう。

② 2つの数の和から、差の部分をとれば、小さい数の2つ分になります。これより小さい数を求めましょう。

式　(60−16)÷2＝22

答え　22

③ ②を使って、大きい数を求めましょう。

式　22+16＝38

答え　38

2 大きい数と、小さい数があります。この2つの数の和は72で、その差は18になります。2つの数を求めましょう。

式　(72−18)÷2＝27、27+18＝45

答え　45と27

3 兄と弟の2人が、おじさんから2人分で3000円のおこづかいをもらいました。兄は弟より400円多くなるように分けなさいといわれました。兄と弟は何円ずつもらいましたか。

式　(3000−400)÷2＝1300、1300+400＝1700

答え　兄は1700円、弟は1300円

113

学習日　月　日　名前

いろをぬろう　わからない　だいたい　できた！できた

2つの数に同じ数をたしたりひいたりすると、一方が他方の何倍かになる問題を考えてみましょう。

1 2つの数27、7があります。これらの数に同じ整数をたすと、大きい数は、小さい数の3倍になりました。

① 次の図の□にあてはまる数をかきましょう。

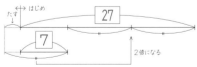

② 27から7をひいた残りは、小さい数に同じ整数をたした数の2倍になります。これより小さい数に同じ整数をたした数を求めましょう。

式　(27−7)÷2＝10

答え　10

③ それぞれの数にたした整数はいくつですか。

式　10−7＝3

答え　3

2 2つの数350、50があります。これらの数に同じ整数をたすと、大きい数は、小さい数の4倍になりました。

同じ整数をたしたあとの大きい数、小さい数を求めましょう。

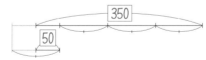

式　(350−50)÷3＝100、100×4＝400

答え　400と100

3 兄は3400円、弟は700円持っています。父から同じ金額のお金をもらったので、兄は弟の4倍になりました。

父からいくらずつもらいましたか。

式　(3400−700)÷3＝900、900−700＝200

答え　200円ずつ

114

基礎から活用まで　まるっと算数プリント　小学4年生

2020年 1 月20日　第 1 刷　発行
2023年 5 月20日　第 2 刷　発行

●著　者　金井　敬之 他　　　　　　●発行者　面屋　洋

●企　画　清風堂書店　　　　　　　　●表紙デザイン　ウエナカデザイン事務所

●発行所　フォーラム・A
　〒530-0056　大阪市北区兎我野町15-13
　TEL：06(6365)5606／FAX：06(6365)5607
　振替　00970-3-127184

書籍情報などは
フォーラム・Aホームページまで
http://foruma.co.jp